EDSON GONÇALVES

OS 5 PRINCIPAIS ELEMENTOS DA MANUTENÇÃO INDUSTRIAL

EDITORA CIÊNCIA MODERNA

Os 5 Principais Elementos da Manutenção

Editor: Paulo André P. Marques
Produção Editorial: Dilene Sandes Pessanha
Capa: Daniel Jara
Diagramação: Carlos Arthur Candal
Copidesque: Equipe Ciência Moderna

FICHA CATALOGRÁFICA

GONÇALVES, Edson.

Os 5 Principais Elementos da Manutenção

Rio de Janeiro: Editora Ciência Moderna Ltda., 2022.

1. Engenharia Industrial
I — Título

ISBN: 978-65-5842-128-3 CDD 621.7

Editora Ciência Moderna Ltda.
R. Alice Figueiredo, 46 – Riachuelo
Rio de Janeiro, RJ – Brasil CEP: 20.950-150
Tel: (21) 2201-6662/ Fax: (21) 2201-6896
E-MAIL: LCM@LCM.COM.BR
WWW.LCM.COM.BR **01/22**

Fatima...

Vocês esperam uma intervenção divina
Mas não sabem que o tempo agora está contra vocês
Vocês se perdem no meio de tanto medo
De não conseguir dinheiro pra comprar sem se vender
E vocês armam seus esquemas ilusórios
Continuam só fingindo que o mundo ninguém fez
Mas acontece que tudo tem começo
Se começa, um dia acaba, eu tenho pena de vocês.

E as ameaças de ataque nuclear
Bombas de nêutrons não foi Deus quem fez
Alguém, alguém um dia vai se vingar
Vocês são vermes, pensam que são reis
Não quero ser como vocês
Eu não preciso mais
Eu já sei o que eu tenho que saber
E agora tanto faz

Três crianças sem dinheiro e sem moral
Não ouviram a voz suave que era uma lágrima
E se esqueceram de avisar pra todo mundo
Ela talvez tivesse um nome e era: Fátima
E de repente o vinho virou água
E a ferida não cicatrizou
E o limpo se sujou
E no terceiro dia ninguém ressuscitou

Capital Inicial

Agradecimentos

Agradeço veementemente a minha esposa Neide e minhas filhas Sabrina e Emanuelle, que abriram mão de inúmeros momentos de lazer e de convívio familiar, para que fosse possível concretizar esta obra, bem como o apoio e incentivo concedidos.

Agradeço minha irmã Girlene, por se sacrificar em alguns momentos de sua vida para que eu pudesse seguir em frente e me tornar o homem e profissional que hoje sou.

Agradeço à minha mãe dona Maria Vieira Gonçalves, por cada segundo de dedicação, de cuidados e de amor, por cada palmada e cada castigo que me deu, pois somente com as ações e atitudes tomadas por ela, fui capaz de me tornar o homem, o profissional e o pai que sou hoje.

Agradeço também ao Sr. Otil Gonçalves Neto (in memoriam), um homem semianalfabeto, sem cultura, mas que me ensinou todos os valores da vida me ensinou a necessidade que um ser humano tem de batalhar pelos seus sonhos, me ensinou a traçar meus objetivos, a valorizar o próximo.

Um homem que me mostrou que não temos limite nesta vida, que podemos realizar tudo o que quisermos, e que estas realizações somente fazem sentido se for de coração e com muita dedicação e trabalho, que batalhar pelos nossos sonhos é o verdadeiro sentido da vida.

Este homem que tenho o imenso orgulho de chamar de “MEU PAI”.

Dedicatória

Dedico esta obra a todos os meus familiares, sem exclusão de nenhum grau de parentesco, pois cada um deles tem um papel importante na minha vida.

A cada um dos meus professores e instrutores que me alfabetizaram e me direcionaram ao aprendizado formal, técnico e moral.

A cada um dos meus amigos de infância, adolescência e vida adulta, que conviveram comigo em todos os momentos de alegria e tristeza.

Dedico também esta obra a todos os colegas de trabalho que conviveram comigo ao longo de toda a minha vida profissional. Àqueles que me ensinaram as atividades do dia a dia, àqueles que aprenderam comigo no dia a dia. E principalmente àqueles que discordaram de algumas de minhas opiniões e decisões, discordâncias estas que serviram de diálogos e discussões que originaram em novos estudos até que encontrássemos uma definição comum e definíssemos conceitos favoráveis a todos.

Reservo-me no direito de não citar nenhum nome, para que eu tenha a consciência tranquila por não ter me esquecido de mencionar nenhuma das pessoas que fizeram parte da minha história até nos dias de hoje.

Reflexão

"Não existe nada de completamente errado no mundo"...

Até mesmo um relógio parado, consegue estar certo pelo menos duas vezes no dia ""...

Paulo Coelho

Prefácio

De acordo com os pensamentos e filosofias criadas por Albert Einstein e adaptadas para nossa realidade do universo da manutenção industrial, nos criamos um cenário industrial onde prestigiamos em grande demasia as ferramentas estratégicas e ignoramos o dom, a expertise e nossas próprias habilidades em prol de resultados que nos levam a excelência e aumentam a competitividade da organização.

Devido a isso nos últimos tempos os segmentos industriais estão focados em desenvolver as técnicas e tecnologias para a adaptação do novo cenário mundial o qual chamamos de Manutenção Moderna.

A Manutenção Moderna é aquela em que desenvolvemos nossos profissionais para pensar antes de agir, onde analisar, estudar e se antecipar às possíveis falhas identificando os defeitos e eliminando suas fontes, se torna a maneira mais econômica de garantir a continuidade operacional da cadeia produtiva, onde a correção do defeito sempre é menos custosa do que a correção da falha.

A realidade atual dos profissionais de manutenção de qualquer segmento industrial, literalmente se enquadra na filosofia de sempre fazer mais com menos, ou seja, a proposta é produzir sempre mais com uma qualidade superior, porém ao menor custo possível, readequando e otimizando os recursos, quer seja materiais sobressalentes, tempo ou material humano.

Somente com o controle adequado dos custos e investimentos na manutenção, se torna possível produzir de forma competitiva e ofertar para o mercado produtos em grande escala, alta qualidade e preços acessíveis, levando assim a organização ao ápice do sucesso.

Apresentação

Uma ligação inesperada. Uma surpresa. Uma honra! Foi assim que recebi o convite para apresentar essa obra, de um autor que, na área, dispensa apresentações. Uma obra que, sem qualquer dúvida, será de grande valia a todos que, de forma inicial ou aprofundada, buscam contato com a Manutenção.

Com didática envolvente e dinâmica interatividade na transmissão de conteúdo, sei o quanto o Edson é querido e admirado por alunos, aprendizes, profissionais. Sou uma deles.

O livro "Os 5 Principais Elementos da Manutenção Industrial" acompanha exatamente esse estilo: todos os pontos sobre manutenção industrial repassados de forma clara, precisa, ilustrada e de fácil compreensão, desmistificando a fama de que livro técnico é desgastante. A leitura me remeteu às conversas com o autor, sempre repletas de aprendizado. Acompanhar essa obra é ter, ao alcance das mãos, parte de seu vasto conhecimento.

Desde a segunda metade do século XVIII, época em que surgiram as primeiras máquinas a vapor, a manutenção se fez presente e necessária.

Hoje, no cenário em que se inicia a quarta revolução industrial, a chamada Indústria 4.0, encontramos processos de automação completos, com uso de eletrônicos e tecnologia de informação. Há integração das áreas e controle por meio da utilização de sensores e equipamentos conectados em redes, fundindo o mundo real ao virtual. No mundo moderno, em que simulação, computação em nuvem, realidade aumentada e robôs estão cada vez mais presentes, a manutenção precisa acompanhar a evolução.

O termo Indústria 4.0 ainda é somente utilizado para o meio industrial, mas, dado o período de transição nos métodos de ensino, metodologias ativas vêm ganhando espaço. Esse crescente modelo didático, característica marcante do autor, aproxima o leitor do conteúdo, com vistas à melhor compreensão técnica.

Desejo a todos um excelente aprendizado e que possamos, com o exemplo do Edson, adquirir conhecimento e repassá-lo, sempre, como um efeito cascata.

Irene Andrade de Almeida Barbosa
Engenheira Mecânica
Mestre em Desenvolvimento de Tecnologia

Sumário

1 – Introdução

No cenário da manutenção industrial os especialistas sempre buscarão desenvolver a melhor estratégia para garantir o bom funcionamento dos ativos físicos.

Estudos realizados em todo mundo nos direciona para a necessidade do aprimoramento das atividades preventivas e preditivas para que se possa realizar um monitoramento, cada vez mais efetivo e que agregue valor ao segmento industrial garantindo alta disponibilidade com confiabilidade e custos adequados.

Quando se atinge o equilíbrio, ou seja, o ponto ótimo entre custo benefício das ações do gerenciamento da manutenção, pode-se dizer que esta organização consegue ser competitiva, e a competitividade nos tempos atuais é a busca incessante das organizações.

Entretanto para se alcançar este estágio de diferencial técnico, cada organização precisa estudar e entender seus processos para definir as melhores estratégias as quais se adequam e se moldam melhor à condição dentro de seus respectivos propósitos.

Por mais que sejam definidas e criadas estratégias ideias, as condições básicas das raízes da manutenção ainda prevalecem, ou no mínimo ainda devem ser utilizadas e ou incorporadas às novas técnicas e tendências futuras.

Alguns elementos são primordiais para a busca incessante da eficácia no desempenho dos ativos industriais, e mesmo com o avanço tecnológico das funcionalidades as quais crescem de forma meteórica, ainda assim as ações básicas de monitoramento e controle do comportamento destes ativos necessitam serem aplicadas e introduzidas no dia a dia da manutenção industrial.

Estas ações primordiais ainda necessitam da intervenção do homem para ser garantirmos o bom funcionamento dos ativos físicos, mantendo a continuidade operacional e o correto ciclo da cadeia produtiva.

Do ponto de vista das experiências vividas e relatos de especialistas, na sequencia será abordado os principais elementos básicos aos quais necessitam ser desenvolvidos para que se possa atingir a excelência na manutenção industrial.

2 – Evolução

Desde os primórdios da civilização existe a necessidade de conservação e reparos de ferramentas e equipamentos, porem foi somente depois da invenção das primeiras máquinas têxteis, a vapor, no século XVI, que se emergiu a função da manutenção.

Assim, com a necessidade de se manter em bom funcionamento todo e qualquer equipamento, ferramenta ou dispositivo para uso no trabalho, em épocas de paz, ou em combates militares nos tempos de guerra, houve as consequentes evoluções das formas de manutenção.

Após a revolução industrial, foram propostas varias funções básicas nas empresas, as quais destas destacam se a função técnica, relacionada com a produção de bens ou serviços, da qual a manutenção é parte integrante.

Originalmente a manutenção era uma atividade que deveria ser executada em sua totalidade, pela própria pessoa que opera o equipamento, sendo este o perfil ideal. Porém com a evolução tecnológica, os equipamentos e componentes tornaram-se de alta precisão e complexidade, e com o crescimento da estrutura empresarial, foi sendo introduzidas diversas sistemáticas e a função da manutenção foi sendo gradativamente dividida, e alocada em setores especializados.

Com a evolução da tecnologia foram sendo instalados novos equipamentos, e grandes inovações foram sendo executado para atender à solicitação de aumento de produção, assim o departamento operacional passou a dedicar-se somente à produção, não restando alternativa a não ser a criação do departamento de manutenção, que passaria a responsabilizar-se por todas estas funções destinadas aos reparos e disponibilização dos equipamentos para a produção.

Assim não se pode afirmar que nesta época o equipamento estivesse sendo utilizado de maneira eficiente, mas levando em consideração a passagem para uma era de evolução da alta tecnologia, foi um fato inevitável para fazer face às inovações tecnológicas, ao investimento em equipamentos e ao incremento da produção.

Porem, à medida que se passava para uma etapa de desaceleração de crescimento econômico, começava-se a exigir das empresas cada vez mais a competitividade e a redução de custos, aprofundando o reconhecimento de que um dos pontos decisivos seria a busca da utilização eficiente dos equipamentos existentes até o seu limite.

Para isso, na manutenção, tornou-se como núcleo a atividade de prevenção da deterioração dos seus equipamentos e componentes, aumentando assim a necessidade da função básica de profissionais que não apenas corrigissem as respectivas falhas, mas também, pudessem evitar que elas ocorressem.

Desta forma os profissionais técnicos de manutenção passaram a desenvolver o processo de prevenção de avarias e falhas por meio de analises e verificações frequentes, através de uma filosofia chamada manutenção preditiva sensitiva, a qual utilizava seus cinco sentidos para detectar anormalidades no funcionamento dos equipamentos e componentes, que juntamente com a equipe de correção, completavam o quadro geral da manutenção, formando uma estrutura tão importante quanto à operação. Surgindo assim o profissional, Inspetor de Manutenção Industrial.

3 – Elementos primordiais para o bom desempenho da manutenção industrial

No universo da manutenção atual, necessitamos que os ativos desempenhem bem seu papel para qual foi projetado. Dentre todas as atividades rotineiras da manutenção, 5 elementos são cruciais para que os equipamentos mantenham suas funções requeridas.

Dentre as principais atividades, para garantirmos que o ativo esta em perfeitas condições operacionais precisamos garantir que o equipamento e seus componentes estejam sempre:

- Bem Alinhados.
- Bem Ajustados.
- Bem Lubrificados.
- Bem Limpos.
- Bem Inspecionados.

Para isso precisamos definir algumas estratégias de conhecimentos, habilidades e atitudes de nossos manutentores para que possamos aprimorar a cada dia suas ações diante dos ativos em funcionamento.

O Primeiro Elemento

ALINHAMENTO DE MÁQUINAS ROTATIVAS

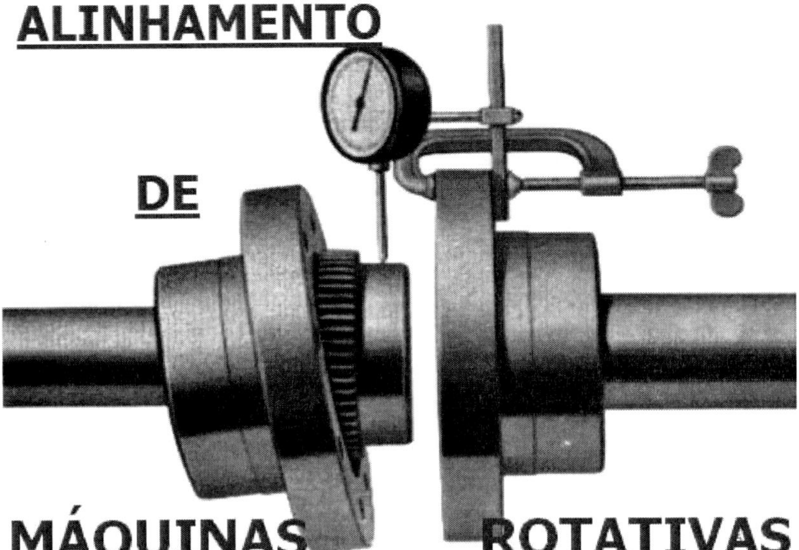

3.1- ALINHAMENTO DE MÁQUINAS ROTATIVAS

Para entendermos de alinhamento de máquinas rotativas, primeiro precisamos conhecer o que significa o desalinhamento e seus tipos com suas características.

Desalinhamento:

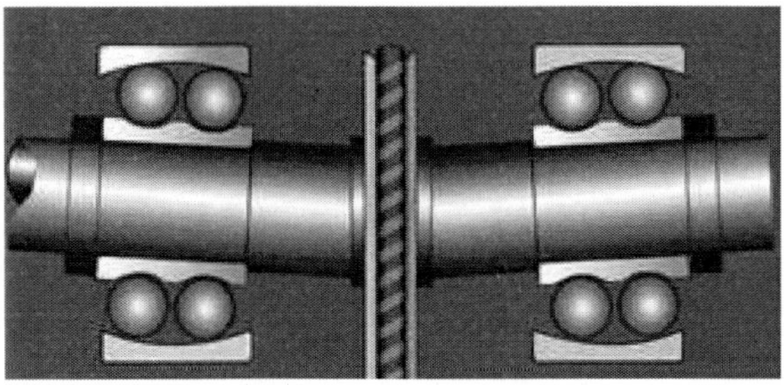

O desalinhamento pode ser definido como sendo a não coincidência entre a simetria de dois eixos colineares.

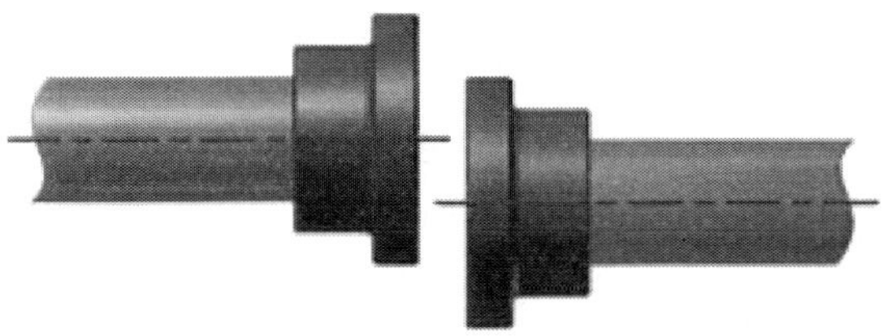

Estudos apresentados pelas grandes organizações mundiais nos mostram que em média apenas 7% das máquinas rotativas estão corretamente alinhadas.

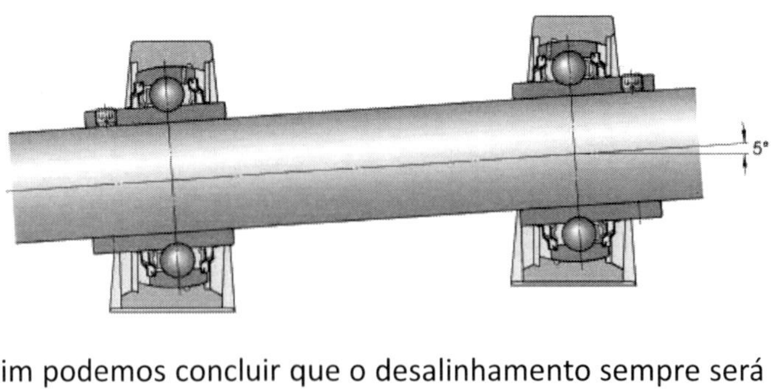

Sendo assim podemos concluir que o desalinhamento sempre será totalmente prejudicial ao ativo?

Claro que não...

Em alguns casos um pequeno desalinhamento é necessário, principalmente onde:

- Onde se aplica uma lubrificação mista.
- Em equipamentos que trabalham com temperaturas extremas gerando expansão térmica.

Nestes casos sempre será necessário um desalinhamento inicial quando a máquina, equipamento ou ativo estiver em repouso, pois quando acionado o mesmo necessitará de espaços extras para se acomodar e estabilizar, preenchendo tais espaços com lubrificante no primeiro caso e dilatação térmica no segundo caso.

Demais condições o desalinhamento se torna prejudicial aos ativos acelerando seus desgastes gerando surgimento de defeitos levando os mesmos, às falhas prematuras, condição esta que devemos evitar na manutenção industrial.

Como em sua grande maioria os desalinhamentos se tornam prejudiciais, necessitamos conhecer suas causas para que possamos analisa-las e elimina-las garantindo a eficácia do ativo no que diz respeito ao primeiro elemento crucial da manutenção Industrial.

Principais causas de desalinhamentos de máquinas:

- Montagens inadequadas.
- Desgastes de componentes mecânicos.
- Expansão térmica ignorada.
- Alinhamentos imprecisos.
- Afrouxamento das fixações.
- Pé manco.

Quando se trata de montagens inadequadas, o que se pode fazer no universo da manutenção é criar etapas de treinamentos e reciclagens dos membros da equipe de manutenção, para que os mesmos possam se aperfeiçoar e acompanharem as tendências e evoluções tecnológicas na mesma velocidade em que os ativos se transformam e alteram suas principais características técnicas e mecânicas para aumentarem seus desempenhos e vidas tecnicamente úteis.

Quanto aos desgastes de componentes mecânicos, este fator é inevitável, pois em algum momento irá ocorrer que é a ordem natural da lei de Lavoisier, onde na natureza nada se perde e nada se cria mais tudo se transforma, e o desgaste nada mais é que a transformação do estado dos componentes, e neste caso não se pode fazer muita coisa, porém o acompanhamento frequente das condições operacionais dos ativos e seus rendimentos podem nos dar uma projeção de como os desgastes podem estar, acentuados ou sob controle.

Já com relação á expansão térmica ignorada, é o nome que se dá ao aumento do volume de um corpo ocasionado pelo aumento de sua temperatura, o que causa o aumento no grau de agitação de suas moléculas e consequentemente aumento na distância média entre as mesmas. Neste caso o efeito se torna extremamente agressivo ao comportamento do ativo, pois a alteração dimensional pode levar seus componentes ao excessivo desgaste prematuro.

No que se pode comentar sobre alinhamentos imprecisos, nada mais é do que a falta de habilidade do profissional que esta realizando o alinhamento ou sua conferência. Quando isso acontece sugerimos que o mesmo seja treinado repetidas vezes até que se aprimore e entenda como deve ser realizado o alinhamento. Outro fator relevante é a elaboração de um procedimento de alinhamento detalhado contendo cada etapa do processo de alinhamento para garantir que todos os profissionais realizem a atividade da mesma forma garantindo assim a mesma qualidade na execução do alinhamento.

Sobre as condições de afrouxamento das fixações, este fato é um dos maiores causadores de desalinhamentos dos ativos. Geralmente os afrouxamentos das fixações ocorrem por vibrações excessivas e ou torque inadequado durante a montagem. Outro fator que também acarreta neste caso é a especificação equivocada do material e da resistência das fixações, o que promove um rompimento ou alongamento da fixação causando o desalinhamento.

Quanto ao pé manco este sim é uma das causas mais ignoradas pela equipe de manutenção quando se trata das instalações dos ativos em suas bases fixas. O pé manco é a irregularidade que existe no apoio de uma máquina causando diferença de medidas entre os pés.

O Pé Manco é o fator que mais interfere na execução do alinhamento, causa um deslocamento irregular na máquina que está sendo alinhada, causa torções na estrutura da máquina dependendo da diferença existente entre os pés.

Existem diversos tipos de Pé Manco tais como:

1- Pé Manco Curto: É um erro na fabricação da máquina ou uma base desnivelada demais.

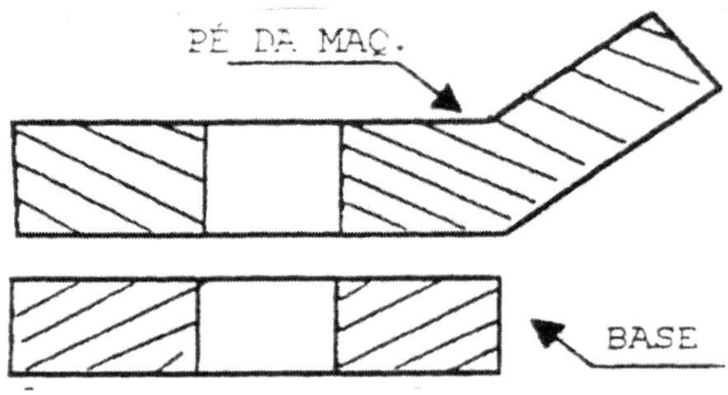

2- Pé ou Base Empenados: É um erro na fabricação da máquina ou uma base desnivelada demais.

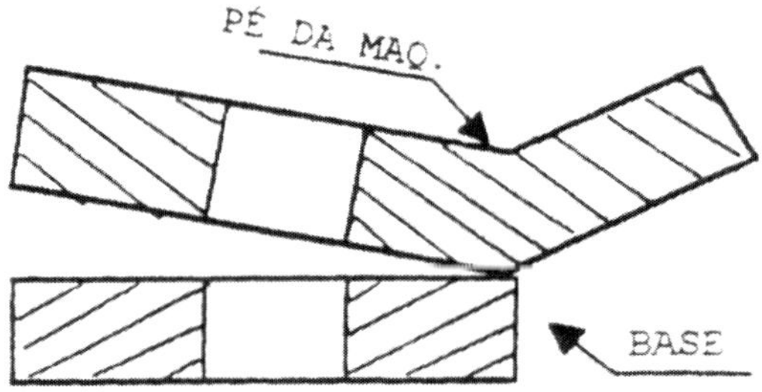

3- Efeito Mola: É o excesso de calços, calços oxidados, calços sujo ou calços empenados.

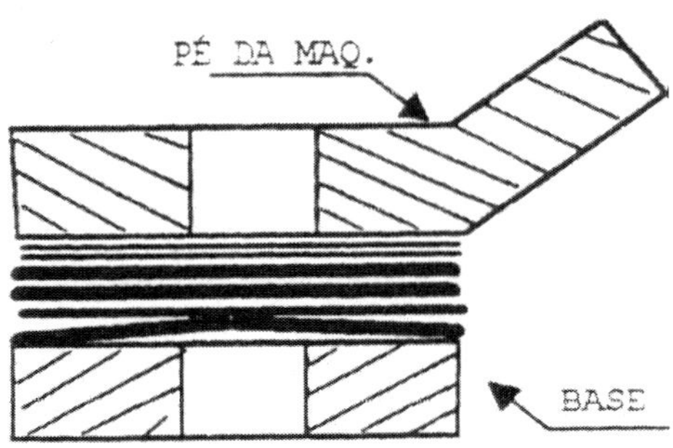

4- Base ou Pé Corroídos: É o excesso de corrosão ou desgastes dos pés ou bases.

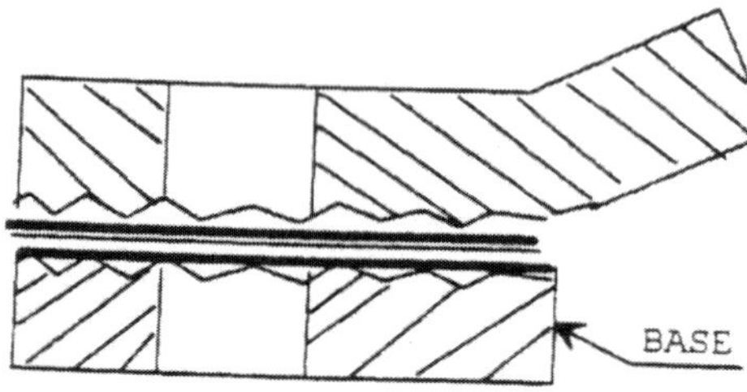

Dentro do conceito existem tipos diferentes de desalinhamentos os quais em conjuntos ou individuais deterioram as condições funcionais dos ativos levando-os as falhas repentinas.

Os tipos mais comuns de desalinhamentos são:

- Radial (paralelo ou lateral).
- Angular (axial).
- Misto (combinado).

No desalinhamento Radial, dois eixos estão com desalinhamento radial, quando suas linhas de centro são retas paralelas.

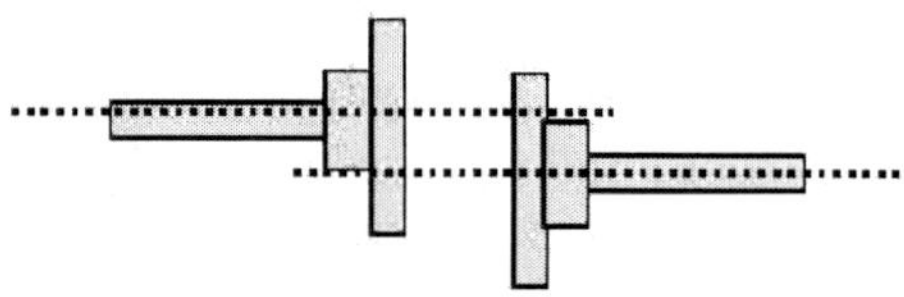

No desalinhamento Angular, dois eixos estão com desalinhamento angular, quando suas linhas de centro são retas concorrentes.

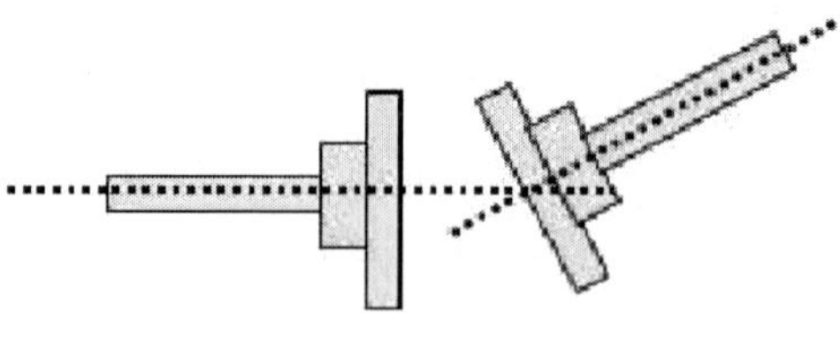

No desalinhamento Misto, dois eixos estão com desalinhamento misto, quando suas linhas de centro são retas reversas. É o desalinhamento mais encontrado na pratica. É uma combinação de desalinhamento radial com o angular.

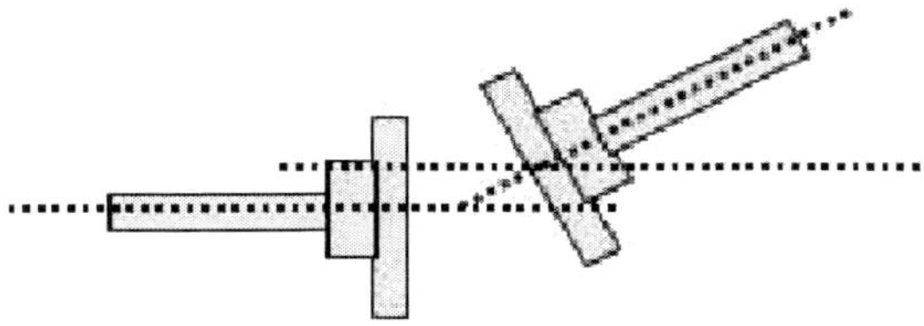

Uma das grandes dificuldades de detectar o desalinhamento é que infelizmente é impossível medir um desalinhamento com a máquina ou ativo em funcionamento, pois as forças radiais transmitidas de eixo para eixo são tipicamente forças estáticas (isto é, uni direcionais) e são difíceis de medir externamente. Não existem analisadores ou sensores que possam ser instalados no lado externo das máquinas para medir o quanto de força está sendo aplicado aos mancais, eixos e acoplamentos. O que nós atualmente vemos são efeitos secundários dessas forças que são exibidos através dos seguintes sintomas:

a) Superaquecimento dos componentes.

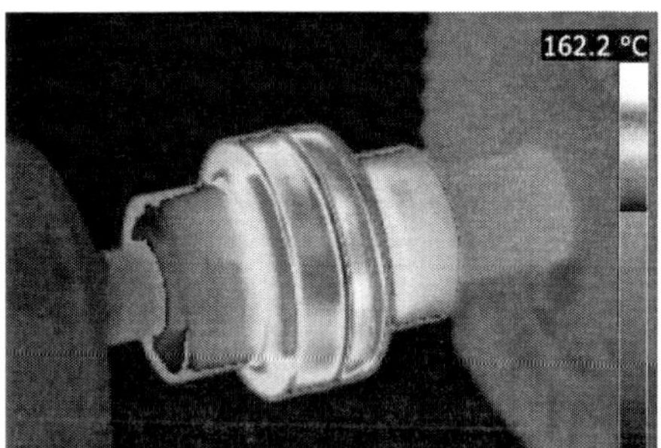

b) Vibração Excessiva do Conjunto.

c) Desgaste dos Componentes.

d) Rompimento dos Componentes.

e) Alterações Dimensionais.

Entretanto diante de todas as possibilidades acima, somente será possível detectar o desalinhamento depois que a falha já estiver acontecido, ou seja, o ativo já falhou e as perdas já foram eminentes.

Como o principal objetivo da manutenção é detectar os defeitos e evitar a ocorrência da falha, necessitamos nos antecipar ao fato e descobrir se o ativo esta em condições normais de funcionamento ou se o defeito do desalinhamento já se encontra instalado no mesmo.

Para isso é necessário o apoio de algumas técnicas que nos permite detectar o desalinhamento em seu início e monitorar sua evolução encontrando o ponto ideal para que seja realizada a intervenção de correção e eliminação do defeito, evitando a ocorrência da falha.

As principais técnicas mais comumente utilizadas são:

1 - Análises de Vibrações: É uma ferramenta que permite determinar as deficiências existentes em máquinas acopladas através da identificação da frequência de origem dos problemas e (ou) parte dos equipamentos associada.

2 - Termografia: É uma ferramenta que mede o calor localizado e que apresenta índices de alterações devido ao desalinhamento. Porém como geralmente o acoplamento gera calor, somente é possível detectar alterações se o desalinhamento for muito elevado.

3 - Análises de Óleo: A ferrografia Analítica (AN) é um dos procedimentos utilizados nesta técnica. Ela identifica o tipo de desgaste, desalinhamento, corrosão entre outros.

Se por ventura o desalinhamento não for detectado antes da ocorrência da falha, a mesma virá acompanhada de diversas consequências às quais podem onerar o custo da manutenção e até mesmo interromper a continuidade operacional evoluindo para uma paralisação temporária do ciclo da cadeia produtiva.

As principais consequências oriundas do desalinhamento podem ser:

a) Redução da vida tecnicamente útil dos componentes e ativos.

b) Consumo excessivo de energia elétrica.

c) Baixo desempenho dos Ativos.

d) Custo de manutenção e de produção extremamente altos.

Portanto, em via de regra geral, em funcionamento o Desalinhamento é prejudicial para qualquer máquina rotativa.

Por isso é fundamental que os ativos estejam bem alinhados.

O alinhamento pode ser definido como sendo a coincidência entre a simetria de dois eixos colineares, ou como o recurso utilizado com a finalidade de deixar os eixos sempre com a mesma distância, em qualquer ponto, e no mesmo plano.

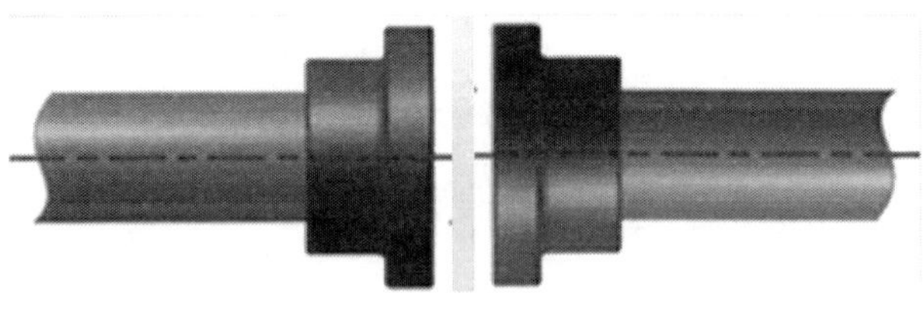

De acordo com esta condição, o alinhamento correto é responsável pela qualidade do desempenho dos ativos e seus principais objetivos são:

- Garantir o bom funcionamento das máquinas rotativas.
- Eliminar vibrações.

- Evitar aquecimento desnecessário.
- Evitar o desgaste pré maturo.
- Aumentar a durabilidade aos componentes.

Alinhar significa mover os pares de pés dianteiros ou traseiros de uma máquina, no plano vertical e horizontal, até que os eixos estejam alinhados dentro de uma determinada **Tolerância**.

Tolerância então seria o desvio máximo permitido em relação aos valores desejados, seja zero ou valores de compensação de crescimento térmico ou vibrações.

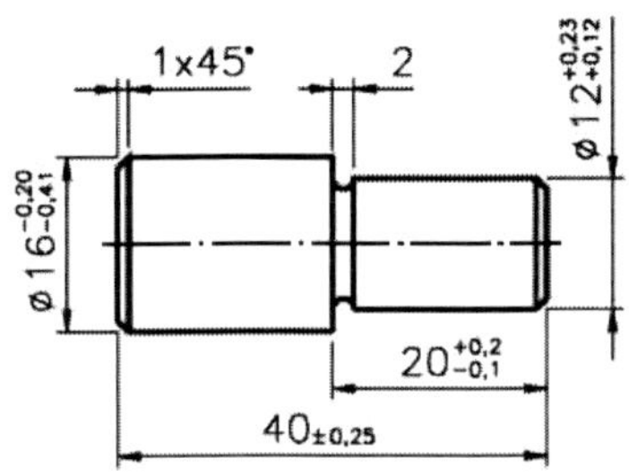

Você sabe qual seria a tolerância correta para o alinhamento das máquinas rotativas?

As tolerâncias corretas dependem principalmente da rotação dos eixos. E para ativos que trabalham em condições normais segue-se uma tabela padrão conforme abaixo:

RPM	Angular (mm)	Paralelo (mm)
0 - 1000	0,10	0,13
1000 - 2000	0,08	0,10
2000 - 3000	0,07	0,07
3000 - 4000	0,06	0,05

Respeitando as tolerâncias corretas podemos realizar os alinhamentos de duas formas:

Alinhamento a Frio: É o alinhamento realizado com o equipamento à temperatura ambiente.

Alinhamento a Quente: É o alinhamento realizado à temperatura de trabalho. E para este tipo de alinhamento utiliza-se uma tabela de tolerância diferenciada.

R.P.M.	ANGULAR	PARALELO
Até 1200	0,08mm	0,08mm
Até 1800	0,06MM	0,06mm
Até 3600	0,04mm	0,04mm

O Segundo Elemento

Ajustagem

dos Componentes Mecânicos

3.2- AJUSTAGEM DOS COMPONENTES MECÂNICOS

A ajustagem dos componentes mecânicos nada mais é do que a técnica utilizada para regulagem de conjuntos mecânicos com o objetivo de garantir o correto desempenho de suas funções requeridas.

Para se ajustar qualquer componente mecânico deve se aplicar o principio internacional da Tolerância e Ajuste. Este princípio nos permite substituir ou consertar uma peça ou um conjunto mecânico, e para tal necessitamos que exista intercambiabilidade entre os componentes e peças.

Intercambiabilidade é a possibilidade de, quando se monta um conjunto mecânico, tomar-se ao acaso, de um lote de peças semelhantes, prontas e verificadas, uma peça qualquer que, montada ao conjunto em questão, sem nenhum ajuste ou usinagem posterior, dará condições para que o sistema mecânico cumpra as funções para as quais foi projetado.

Um requisito fundamental da intercambiabilidade é a seleção de um processo de fabricação que assegure a produção de peças com igual **exatidão**.

Exatidão é a correspondência entre as dimensões reais da peça e aquelas indicadas no desenho. Causas como inexatidões são as diferenças das dimensões reais (ou efetivas) das peças com o desenho, chamadas de dimensões nominais.

Para os conceitos de ajustagem, existem as dimensões nominais e as dimensões reais ou efetivas.

As dimensões nominais são as dimensões indicadas no desenho de uma peça. Elas são determinadas através do projeto mecânico, em função dos objetivos que deverão atingir.

As dimensões reais ou efetivas são as dimensões reais da peça. Estas dimensões podem ser maiores, menores ou iguais às dimensões nominais.

Portanto, para uma peça com uma cota nominal de 145 mm podem ser encontradas peças com:

- 144,978 mm.
- 145.000 mm.
- 145,023 mm.

Todos os conceitos são baseados nas normas: **ABNT NBR6158 e DIN 7182**.

Sendo assim, as dimensões reais são diferentes das dimensões nominais. Estas variações devem ser mantidas dentro de certos limites. Para que a intercambiabilidade seja garantida é necessário que todos os fabricantes obedeçam a normas pré-definidas, ou seja, a um sistema de **Tolerâncias e Ajustes.**

Então define se sistema de tolerâncias e ajustes como um conjunto de normas, regras e tabelas que têm como objetivo normalizar e limitar as variações das dimensões de componentes mecânicos visando a intercambiabilidade e garantir sua funcionalidade.

Onde, de acordo com sua terminologia internacional temos:

Dimensões Limites: são os valores máximo e mínimo admissíveis para a dimensão efetiva.

Dimensão Máxima: é o valor máximo admissível para a dimensão efetiva.

Dimensão Mínima:é o valor mínimo admissível para a dimensão efetiva.

Neste caso temos a ilustração a seguir:

- Dmáx para furos e dmáx para eixos.
- Dmin para furos e dmin para eixos.

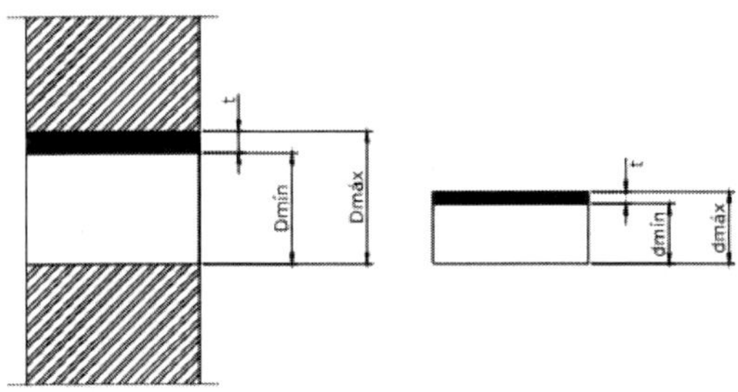

Afastamento: é a diferença entre as dimensões limites e a dimensão nominal.

Afastamento Inferior: é a diferença entre a dimensão mínima e a dimensão nominal.

Afastamento Superior: é a diferença entre a dimensão máxima e a dimensão nominal.

Afastamento Real: é a diferença entre a dimensão efetiva e a dimensão nominal do componente.

Tolerância: é a variação admissível da dimensão da peça. A tolerância indica uma faixa de valores compreendidos entres as dimensões limites. Também denominada de Zona de Tolerância ou Campo de tolerância.

Linha Zero: é a linha que indica a posição da dimensão nominal em um desenho. Ela serve de referência para os afastamentos.

- Afastamentos acima da linha zero são positivos.
- Afastamentos abaixo da linha zero são negativos.

Posição da Zona de Tolerância: é a menor distância entre a linha zero e a zona de tolerância. Esta posição pode ser medida entre a linha zero e o limite inferior ou entre a linha zero e o limite superior, dependendo de qual é a menor distância.

- Ai para furos e ai para eixos.
- As para furos e as para eixos.
- t = Dmáx - Dmin (Furos) e t = dmáx - dmin (Eixos) .
- t = As - Ai (Furos) e t = as - ai (Eixos).

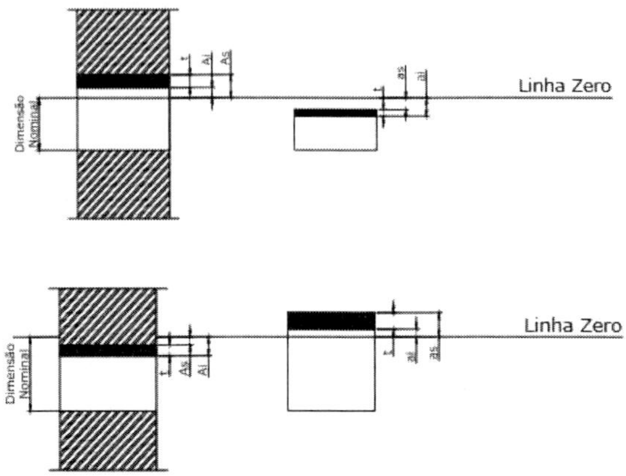

Ajuste é o modo de se conjugar duas peças introduzidas uma na outra. Através do ajuste pode-se assegurar que as peças acopladas terão movimento relativo entre si ou estarão firmemente unidas.

Superfície de Ajuste: toda superfície de contato entre peças acopladas, sejam elas fixas ou móveis.

Ajuste Cilíndrico: ajuste entre superfícies de ajustes cilíndricas circulares.

Ajuste Plano: ajuste entre pares de superfícies de ajustes planas.

Ajuste Cônico: ajuste entre superfícies de ajustes cônicas circulares.

Componentes do Ajuste: componentes ou peças destinadas ao ajuste. Podem ser:

- Componente ou peça exterior : É a peça do ajuste que cobre a peça acoplada ⇨ **FURO**
- Componente ou peça interior : É a peça do ajuste que é coberta pela peça acoplada ⇨ **EIXO**

O conceito de furo e eixo em ajuste é bastante amplo.

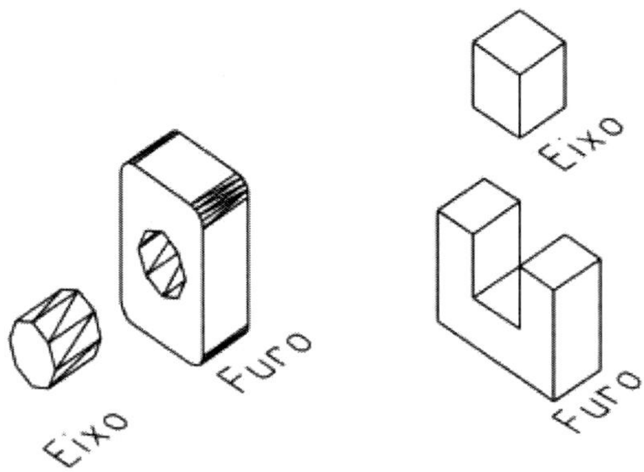

Em acoplamentos múltiplos uma peça pode atuar como eixo em um par e como furo em outro par.

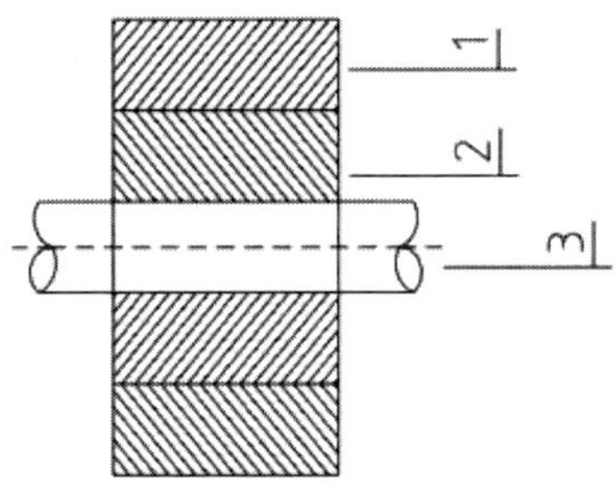

Folga: é a diferença, entre as dimensões do furo e do eixo, quando o eixo é menor que o furo.

Folga Máxima: é a diferença entre as dimensões máxima do furo e mínima do eixo, quando o eixo é menor que o furo.

Folga Mínima: é a diferença entre as dimensões mínima do furo e máxima do eixo, quando o eixo é menor que o furo.

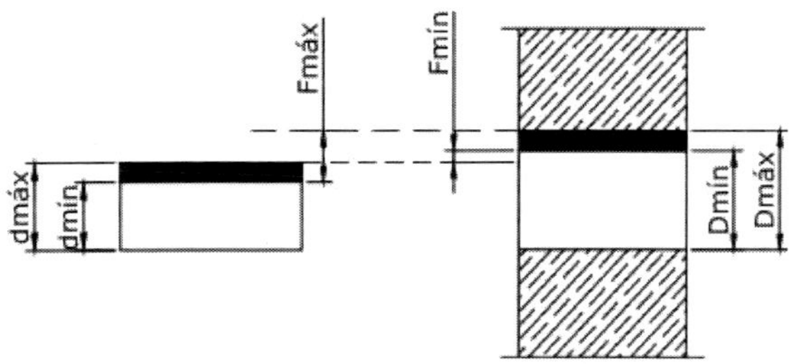

Interferência: é a diferença, em um acoplamento, entre as dimensões do furo e do eixo, quando o eixo é maior que o furo.

Interferência Máxima: é a diferença entre as dimensões mínima do furo e máxima do eixo, quando o eixo é maior que o furo.

Interferência Mínima: é a diferença entre as dimensões máxima do furo e mínima do eixo, quando o eixo é maior que o furo.

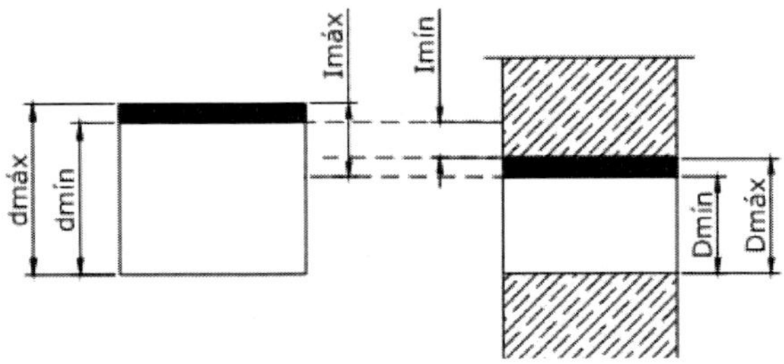

Ajuste: é o comportamento de um eixo em um furo, ambos com a mesma dimensão nominal.

Ajuste com Folga: é o ajuste em que o diâmetro do eixo é sempre menor que o diâmetro do furo.

Ajuste com Interferência: é o ajuste em que o diâmetro do eixo é sempre maior que o diâmetro do furo.

Ajuste Incerto: é o ajuste que pode ser com folga ou com interferência.

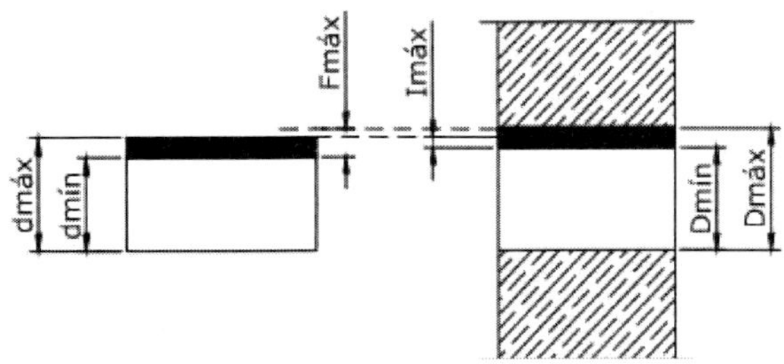

SISTEMAS DE AJUSTES

É um conjunto de princípios, regras, tabelas e fórmulas que permite uma escolha racional de tolerâncias no acoplamento eixo-furo, para se obter uma condição pré-estabelecida.

Eixo – Base: Dimensões máximas dos eixos são iguais à dimensão nominal. A linha zero constitui o limite superior da tolerância. Os furos são conforme o tipo de ajuste desejado. Usado em ajustes da capa externa de rolamentos com carcaça, buchas pré-usinadas com furo de polia.

Furo – Base: Dimensão mínima dos furos é igual à dimensão nominal. A linha zero constitui o limite inferior da tolerância. Os eixos são conforme o tipo de ajuste desejado. Usado em ajustes entre eixos, polias, engrenagens.

Sistema de Tolerância e ajustes.

O sistema de ajustes e tolerâncias ISO determina três condições fundamentais:

- Uma série de grupos de diâmetros de 1 a 500 mm.
- Uma série de tolerâncias fundamentais que determinam a qualidade da usinagem. Existem 18 qualidades distintas: IT01, IT0, IT1, IT2, IT3... IT16.
- Uma série de posições da tolerância que definem a sua posição em relação à linha zero, ou seja, a sua classe de ajuste.

A temperatura de referência, ou seja, a temperatura em que deve estar à peça é de 20ºC.

A norma **ABNT NB-86** fixou os grupos de dimensões nominais utilizados para escolha de ajustes:

Grupos de Dimensões Nominais [mm]			
de 0 até 1	de 24 até 30	de 120 até 140	de 250 até 280
1 3	30 40	140 160	280 315
3 6	40 50	160 180	315 355
6 10	50 65	180 200	355 400
10 14	65 80	200 225	400 450
14 18	80 100	225 250	450 500
18 24	100 120		

O sistema de tolerâncias estabeleceu **18 graus** de tolerâncias para cada zona de medida nominal, denominadas como tolerâncias fundamentais. Cada grau de tolerância é denominado qualidade.

- **IT01 - IT0:** Grande precisão.
- **IT1 a IT4:** São empregadas principalmente para construção de calibradores e instrumentos de medição.
- **IT5 a IT11:** São empregadas na grande maioria das construções mecânicas.

- **IT12 a IT16:** São empregadas em peças fundidas, soldadas ou barras laminadas.

Grupo de Dimensões em milímetros – Valores da Tabela (tolerâncias) em [µm]														
Quali-dade	Até 1	De 1 até 3	De 3 até 6	De 6 até 10	De 10 até 18	De 18 até 30	De 30 até 50	De 50 até 80	De 80 até 120	De 120 até 180	De 180 até 250	De 250 até 315	De 315 até 400	De 400 até 500
IT 01	0,3	0,3	0,4	0,4	0,5	0,6	0,6	0,8	1	1,2	2	2,5	3	4
IT 0	0,5	0,5	0,6	0,6	0,8	1	1	1,2	1,5	2	3	4	5	6
IT 1	0,8	0,8	1	1	1,2	1,5	1,5	2	2,5	3,5	4,5	6	7	8
IT 2	1,2	1,2	1,5	1,5	2	2,5	2,5	3	4	5	7	8	9	10
IT 3	2	2	2,5	2,5	3	4	4	5	6	8	10	12	13	15
IT 4	3	3	4	4	5	6	7	8	10	12	14	16	18	20
IT 5	4	4	5	6	8	9	11	13	15	18	20	23	25	27
IT 6	6	6	8	9	11	13	16	19	22	25	29	32	36	40
IT 7	10	10	12	15	18	21	25	30	35	40	46	52	57	63
IT 8	14	14	18	22	27	33	39	46	54	63	72	81	89	97
IT 9	25	25	30	36	43	52	62	74	87	100	115	130	140	155
IT 10	40	40	48	58	70	84	100	120	140	160	185	210	230	250
IT 11	60	60	75	90	110	130	160	190	220	250	290	320	360	400
IT 12	----	100	120	150	180	210	250	300	350	400	460	520	570	630
IT 13	----	140	180	220	270	330	390	460	540	630	720	810	890	970
IT 14	----	250	300	360	430	520	620	740	870	1000	1150	1300	1400	1550
IT 15	----	400	480	580	700	840	1000	1200	1400	1600	1850	2100	2300	2500
IT 16	----	600	750	900	1100	1300	1600	1900	2200	2500	2900	3200	3600	4000

A posição do campo de tolerância é a distância entre a dimensão mais próxima à linha zero até a própria linha zero.

É feita através do emprego das seguintes letras:

- Eixos ⇨ a, b, c, d, e,... z;
- Furos ⇨ A, B, C, D, E,... Z.

A norma ABNT NB-86 prevê ainda classes especiais cd, ef, fg, js, za, zb e zc para eixos e CD, EF, FG, JS, ZA, ZB E ZC para furo.

A posição do campo de tolerância define a dimensão do componente enquanto sua qualidade de fabricação IT define a amplitude da tolerância (ou do campo de tolerâncias).

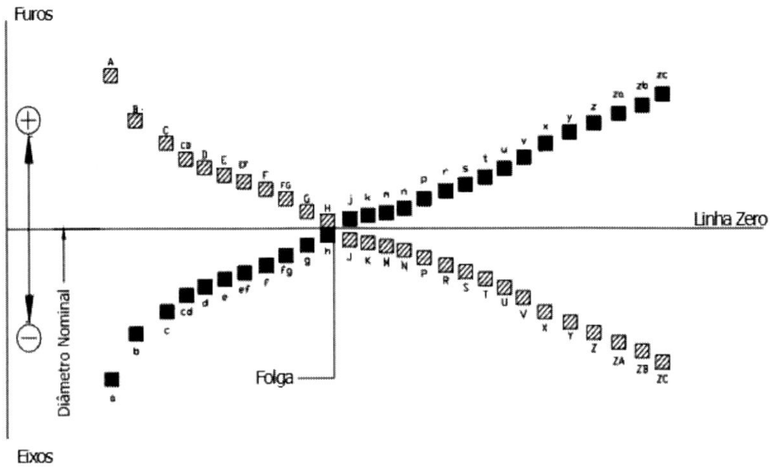

TOLERÂNCIAS E AJUSTES PARA EIXOS

Grupo de Dimensões (mm)		Desvio do Diâm. Médio do Furo em um Plano (Normal) Δd_{mp}		Folga e Interferência Conforme as													
				f6		g5		g6		h5		h6		js5		j5	
				Folga		Folga	Interferência	Folga	Interferência	Folga	Interferência	Folga	Interferência	Folga	Interferência	Folga	Interferência
Acima de	inclusive	Sup.	inf.	máx.	mín.	máx.	máx.	máx.	máx.	máx.	máx.	máx.	máx.	máx.	máx.	máx.	máx.
3	**6**	0	- 8	18	2	9	4	12	4	5	8	8	8	-	-	-	-
6	**10**	0	- 8	22	5	11	3	14	3	6	8	9	8	3	11	2	12
10	**18**	0	- 8	27	8	14	2	17	2	8	8	11	8	4	12	3	13
18	**30**	0	-10	33	10	16	3	20	3	9	10	13	10	4,5	14,5	4	15
30	**50**	0	-12	41	13	20	3	25	3	11	12	16	12	5,5	17,5	5	18
50	**65**	0	-15	49	15	23	5	29	5	13	15	19	15	6,5	21,5	7	21
65	**80**	0	-15	49	15	23	5	29	5	13	15	19	15	6,5	21,5	7	21
80	**100**	0	-20	58	16	27	8	34	8	15	20	22	20	7,5	27,5	9	26
100	**120**	0	-20	58	16	27	8	34	8	15	20	22	20	7,5	27,5	9	26
120	**140**	0	-25	68	18	32	11	39	11	18	25	25	25	9	34	11	32
140	**160**	0	-25	68	18	32	11	39	11	18	25	25	25	9	34	11	32
160	**180**	0	-25	68	18	32	11	39	11	18	25	25	25	9	34	11	32
180	**200**	0	-30	79	20	35	15	44	15	20	30	29	30	10	40	13	37
200	**225**	0	-30	79	20	35	15	44	15	20	30	29	30	10	40	13	37
225	**250**	0	-30	79	20	35	15	44	15	20	30	29	30	10	40	13	37
250	**280**	0	-35	88	21	40	18	49	18	23	35	32	35	11,5	46,5	16	42
280	**315**	0	-35	88	21	40	18	49	18	23	35	32	35	11,5	46,5	16	42
315	**355**	0	-40	98	22	43	22	54	22	25	40	36	40	12,5	52,5	18	47
355	**400**	0	-40	98	22	43	22	54	22	25	40	36	40	12,5	52,5	18	47
400	**450**	0	-45	108	23	47	25	60	25	27	45	40	45	13,5	58,5	20	52
450	**500**	0	-45	108	23	47	25	60	25	27	45	40	45	13,5	58,5	20	52

Unidade: μm

Classes de Tolerância do Eixo																		Grupo de Dimensões (mm)	
js6		j6		k5		k6		m5		m6		n6		p6		r6			
Folga	Interferência	Folga	Interferência	Interferência		Interferência		Interferência		Interferência		Interferência		Interferência		Interferência			
máx.	máx.	máx.	máx.	mín.	máx.	mín.	máx.	mín.	máx.	mín.	máx.	mín.	máx.	mín.	máx.	mín.	máx.	Acima de	inclusive
-	-	-	-	-	-	-	-	-	-	-	-	-	-	-	-	-	-	**3**	**6**
4,5	12,5	2	15	-	-	-	-	-	-	-	-	-	-	-	-	-	-	**6**	**10**
5,5	13,5	3	16	-	-	-	-	-	-	-	-	-	-	-	-	-	-	**10**	**18**
6,5	16,5	4	19	2	21	2	25	-	-	-	-	-	-	-	-	-	-	**18**	**30**
8	20	5	23	2	25	2	30	9	32	9	37	-	-	-	-	-	-	**30**	**50**
9,5	24,5	7	27	2	30	2	36	11	39	11	45	-	-	-	-	-	-	**50**	**65**
9,5	24,5	7	27	2	30	2	36	11	39	11	45	20	54	-	-	-	-	**65**	**80**
11	31	9	33	3	38	3	45	13	48	13	55	23	65	37	79	-	-	**80**	**100**
11	31	9	33	3	38	3	45	13	48	13	55	23	65	37	79	-	-	**100**	**120**
12,5	37,5	11	39	3	46	3	53	15	58	15	65	27	77	43	93	63	113	**120**	**140**
12,5	37,5	11	39	3	46	3	53	15	58	15	65	27	77	43	93	65	115	**140**	**160**
12,5	37,5	11	39	3	46	3	53	15	58	15	65	27	77	43	93	68	118	**160**	**180**
14,5	44,5	13	46	4	54	4	63	17	67	17	76	31	90	50	109	77	136	**180**	**200**
14,5	44,5	13	46	4	54	4	63	17	67	17	76	31	90	50	109	80	139	**200**	**225**
14,5	44,5	13	46	4	54	4	63	17	67	17	76	31	90	50	109	84	143	**225**	**250**
16	51	16	51	4	62	4	71	20	78	20	87	34	101	56	123	94	161	**250**	**280**
16	51	16	51	4	62	4	71	20	78	20	87	34	101	56	123	98	165	**280**	**315**
18	58	18	58	4	69	4	80	21	86	21	97	37	113	62	138	108	184	**315**	**355**
18	58	18	58	4	69	4	80	21	86	21	97	37	113	62	138	114	190	**355**	**400**
20	65	20	65	5	77	5	90	23	95	23	108	40	125	68	153	126	211	**400**	**450**
20	65	20	65	5	77	5	90	23	95	23	108	40	125	68	153	132	217	**450**	**500**

TOLERÂNCIAS E AJUSTES PARA FUROS

Grupo de Dimensões (mm)		Desvio do Diâm. Médio do Externo em um Plano (Normal) ΔD_{mp}		Folga e Interferência Conforme as													
				G7		H6		H7		H8		J6		JS6		J7	
				Folga		Folga		Folga		Folga		Folga	Interferência	Folga	Interferência	Folga	Interferência
Acima de	Inclusive	Sup.	Inf.	máx.	mín.	máx.	mín.	máx.	mín.	máx.	mín.	máx.	máx.	máx.	máx.	máx.	máx.
6	**10**	0	-8	28	5	17	0	23	0	30	0	13	4	12,5	4,5	16	7
10	**18**	0	-8	32	6	19	0	26	0	35	0	14	5	13,5	5,5	18	8
18	**30**	0	-9	37	7	22	0	30	0	42	0	17	5	15,5	6,5	21	9
30	**50**	0	-11	45	9	27	0	36	0	50	0	21	6	19	8	25	11
50	**80**	0	-13	53	10	32	0	43	0	59	0	26	6	22,5	9,5	31	12
80	**120**	0	-15	62	12	37	0	50	0	69	0	31	6	26	11	37	13
120	**150**	0	-18	72	14	43	0	58	0	81	0	36	7	30,5	12,5	44	14
150	**180**	0	-25	79	14	50	0	65	0	88	0	43	7	37,5	12,5	51	14
180	**250**	0	-30	91	15	59	0	76	0	102	0	52	7	44,5	14,5	60	16
250	**315**	0	-35	104	17	67	0	87	0	116	0	60	7	51	16	71	16
315	**400**	0	-40	115	18	76	0	97	0	129	0	69	7	58	18	79	18
400	**500**	0	-45	128	20	85	0	108	0	142	0	78	7	65	20	88	20
500	**630**	0	-50	142	22	94	0	120	0	160	0	-	-	72	22	-	-
630	**800**	0	-75	179	24	125	0	155	0	200	0	-	-	100	25	-	-
800	**1 000**	0	-100	216	26	156	0	190	0	240	0	-	-	128	28	-	-

Unidade: μm

Classes de Tolerância do Alojamento																		Grupo de Dimensões (mm)	
JS7		K6		K7		M6		M7		N6		N7		P6		P7			
Folga	Interferência	Folga	Interferência	Folga	Interferência	Folga	Interferência	Folga	Interferência	Folga	Interferência	Folga	Interferência	Interferência		Interferência			
máx.	máx.	máx.	máx.	máx.	máx.	máx.	máx.	máx.	máx.	máx.	máx.	máx.	máx.	mín.	máx.	mín.	máx.	Acima de	Inclusive
15	7	10	7	13	10	5	12	8	15	1	16	4	19	4	21	1	24	**6**	**10**
17	9	10	9	14	12	4	15	8	18	1*	20	3	23	7	26	3	29	**10**	**18**
19	10	11	11	15	15	5	17	9	21	2*	24	2	28	9	31	5	35	**18**	**30**
23	12	14	13	18	18	7	20	11	25	1*	28	3	33	10	37	6	42	**30**	**50**
28	15	17	15	22	21	8	24	13	30	1*	33	4	39	13	45	8	51	**50**	**80**
32	17	19	18	25	25	9	28	15	35	1*	38	5	45	15	52	9	59	**80**	**120**
38	20	22	21	30	28	10	33	18	40	2*	45	6	52	18	61	10	68	**120**	**150**
45	20	29	21	37	28	17	33	25	40	5	45	13	52	11	61	3	68	**150**	**180**
53	23	35	24	43	33	22	37	30	46	8	51	16	60	11	70	3	79	**180**	**250**
61	26	40	27	51	36	26	41	35	52	10	57	21	66	12	79	1	88	**250**	**315**
68	28	47	29	57	40	30	46	40	57	14	62	24	73	11	87	1	98	**315**	**400**
76	31	53	32	63	45	35	50	45	63	18	67	28	80	10	95	0	108	**400**	**500**
85	35	50	44	50	70	24	70	24	96	6	88	6	114	28	122	28	148	**500**	**630**
115	40	75	50	75	80	45	80	45	110	25	100	25	130	13	138	13	168	**630**	**800**
145	45	100	56	100	90	66	90	66	124	44	112	44	146	0	156	0	190	**800**	**1 000**

O sistema de ajustes prevê três classes de ajustes:

- Ajustes com folga (ou móveis ou deslizantes).
- Ajustes com interferência (ou prensados).
- Ajustes indeterminados (ou incertos).

Para evitar um número muito elevado de combinações devem-se usar ajustes:

- Sistema furo-base.
- Sistema eixo-base.

Ajustes com Folga:

- Sistema Furo-base ⇨ Eixos a até h.
- Sistema Eixo-base ⇨ Furos A até H.

Demais classes podem resultar em ajustes incertos ou com interferência, de acordo com a norma ABNT NBR 6158.

Ajustes com Folga	Ajustes Incertos	Ajustes com Interferência
H7/a9 = A9/h7 H11/a1 = A11/h11	H6/j5 = J6/h5 H8/j7 = J8/h7	H5/n4 = N5/h4 H6/n5 = N6/h5
H7/b8 = B8/h7 H7/b9 = B9/h7 H11/b11 = B11/h11	H5/k4 = K5/h4 H6/k5 = K6/h5 H7/k6 = K7/h6	H5/p4 = P5/h4 H6/p5 = P6/h5 H7/p6 = P7/h6
H7/c8 = C8/h7 H11/c11 = C11/h11	H5/m4 = M5/h4 H8/m7 = M8/h7	H5/r4 = R5/h4 H8/r7 = R8/h7
H6/d6 = D6/h6 H6/d7 = D7/h6 H7/d8 = D8/h7	H7/n6 = N7/h6 H8/n7 = N8/h7	H5/s4 = S5/h4 H7/s6 = S7/h6 H8/s7 = S7/h8
H5/e5 = E5/h5 H10/e9 = E10/h9	H8/p7 = P8/h7	H7/t6 = T7/h6 H8/t7 = T7/h8
H5/f4 = F5/h4 H6/f6 = F6/h6		H6/u5 = U6/h5 H7/u6 = U7/h6
H5/g4 = G5/h4 H6/g5 = G6/h5		H6/v5 = V6/h5 H7/v6 = V7/h6
H7/h6 = H7/h6 H8/h7 = H8/h7		H6/x5 = X6/h5 H8/x7 = X7/h8
		H7/z6 = Z7/h6
		H8/zb7 = ZB8/h7

Exemplos de Aplicações:

- **Ajustes com interferência prensado:** Utilizados para peças de ajuste permanentemente unidas com muita pressão. Ex.: Eixo de saída de redutor de ponte rolante de empresa siderúrgica, acoplado à engrenagem.
- **Ajustes com interferência forte:** Utilizados para peças que devam ficar solidamente acopladas em qualquer caso, podendo acoplar-se ou desacoplar-se somente mediante pressão. A transmissão de torque dever ser garantida por chavetas e/ou estrias. Ex.: Eixos de motores elétricos.
- **Ajustes com interferência leve:** Utilizados em acoplamentos fixos que só podem acoplar-se ou desacoplar-se a golpe de martelo pesado. A transmissão de torque dever ser garantida por chavetas e/ou estrias. Ex.: Anéis internos de rolamentos montados em eixos para cargas normais.
- **Ajustes incerto forte:** Utilizados para peças que tenham acoplamento fixo e cuja desmontagem não seja tão frequente, podendo desacoplar-se a golpes de martelo comum de mão em pequenas peças e

martelo pesado nas grandes. Ex.: Embuchamento de rodas, rotores de turbinas e bombas centrífugas.

- **Ajustes incerto leve:** Utilizados em peças que devam acoplar-se e desacoplar-se a mão ou golpe suave com martelo de borracha. Ex.: Anéis internos de rolamentos de esferas para pequenas cargas e anéis externos de rolamento fixados nas carcaças.

EIXO h5 AJUSTE MECÂNICO DE MUITA PRECISÃO	
AJUSTE	PRECISÃO
FORÇADO DURO	N6
FORÇADO LEVE	M6
ADERENTE DURO	K6
ADERENTE LEVE	J6
DESLIZANTE	H6 e G6

FURO H6 AJUSTE MECÂNICO DE MUITA PRECISÃO	
AJUSTE	PRECISÃO
FORÇADO DURO	n5
FORÇADO LEVE	m5
ADERENTE DURO	k5
ADERENTE LEVE	j5
DESLIZANTE	h5
ROTATIVO	g5

EIXO h6 AJUSTE MECÂNICO DE PRECISÃO	
AJUSTE	PRECISÃO
A PRESSÃO	S7 e R7
FORÇADO	N7
FORÇADO LEVE	M7
ADERENTE DURO	K7
ADERENTE LEVE	J7
DESLIZANTE	H7
SEMI-ROTATIVO	G7
ROTATIVO	F7
ROTATIVO LIVRE	E8
ROTATIVO FORTE	D9

FURO H7 AJUSTE MECÂNICO DE PRECISÃO	
AJUSTE	PRECISÃO
A PRESSÃO	s6 e r6
FORÇADO	n6
FORÇADO LEVE	m6
ADERENTE DURO	k6
DESLIZANTE	h6
SEMI-ROTATIVO	g6
ROTATIVO	f7
ROTATIVO LIVRE	e8
ROTATIVO FORTE	d9

EIXO h8 E h9 AJUSTE MECÂNICO DE MÉDIA PRECISÃO	
AJUSTE	PRECISÃO
DESLIZANTE	H8
SEMI-ROTATIVO	F8 e E9
ROTATIVO FORTE	D10

FURO H8 AJUSTE MECÂNICO DE MÉDIA PRECISÃO	
AJUSTE	PRECISÃO
DESLIZANTE	h8 e h9
SEMI-ROTATIVO	f8 e e9
ROTATIVO FORTE	d10

- **Ajustes com folga leve:** Peças que quando bem lubrificadas pode-se montá-las e desmontá-las com a mão. Ex.: Anéis distanciadores, colunas móveis de furadeiras.
- **Ajustes com folga semi-rotativo:** Utilizados em peças que devam ter uma folga bastante mínima. Ex.: Engrenagens deslizantes em caixa de câmbio.
- **Ajustes com folga rotativo:** Utilizados em acoplamentos que necessitam folga perceptível. Ex.: Mancal principal em furadeiras e tornos.
- **Ajustes com folga rotativo forte:** Utilizados em acoplamentos que necessitam uma ampla folga. Ex.: Mancais de turbo-geradores.

AJUSTE POR CONTRAÇÃO OU À QUENTE

- **Pressão Leve:** Aplicações: Peças com seções leves ou extremamente longas, próprio para Coroas dentadas de precisão, Ferro Fundido,...
- **Pressão Média:** Aplicações: Peças com seções médias ou longas, como: Embuchamento de eixos, Coroas dentadas em bronze ou aço, pode ser utilizado em Ferro Fundido cinzento mole,...

- **Pressão Grande:** Aplicações: Peças de aço em que o metal fica submetido a uma grande tensão sem que esta exceda o limite de elasticidade. Utiliza-se para sapatas, de rodas de trem, Discos e manivelas de virabrequins para máquinas grandes.

Nestes casos estes ajustes não podem ser utilizados para material em ferro fundido.

O Terceiro Elemento
Lubrificação

de Máquinas e Componentes

3.3-LUBRIFICAÇÃO DE MÁQUINAS E COMPONENTES

Para que seja possível garantir uma boa lubrificação das máquinas e componentes, primeiramente necessitamos quebras alguns paradigmas existentes no que se diz respeito a este tema.

Lubrificação não é sentimento e sim cálculo e deve ser seguido em sua plenitude para que o lubrificante consiga desempenhar sua função e manter o ativo em funcionamento.

Há mais de mil anos A.C. o homem já utilizava processos de diminuição de atrito, sem conhecer estes princípios, como hoje, são conhecidos por lubrificação.

Usava-se o PETRÒLEO.

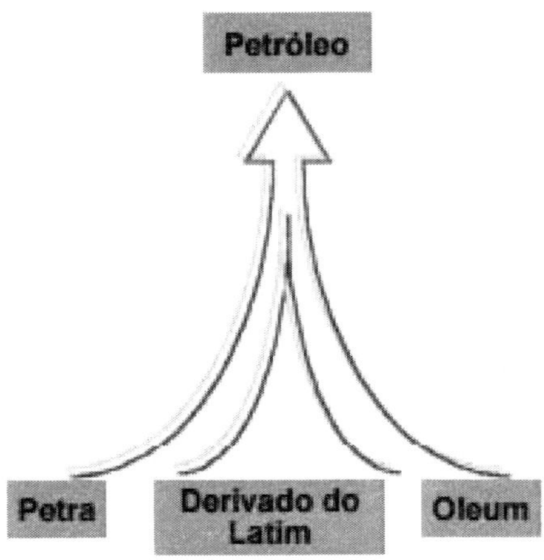

O petróleo já era conhecido antes mesmo do seu real descobrimento.

Na Antiguidade, muito anterior ao seu descobrimento, o petróleo era conhecido na América. Os Incas e os Astecas utilizavam este produto para diversos fins. Os Egípcios utilizavam o petróleo para o embalsamento de pessoas. Os romanos e os gregos utilizavam o petróleo para fins bélicos. Os Astecas utilizavam para fabricação de flechas incendiárias. Os fenícios utilizavam para a calefação das embarcações. Na Índia foram encontrados indícios da utilização do petróleo no inicio do século IV A.C como material de liga nas construções. Segundo o Antigo testamento o betume foi utilizado na Torre de Babel.

Após conhecermos uma breve historia de como conhecemos o petróleo, precisamos entender o seguinte:

Porque necessitamos lubrificar os ativos?

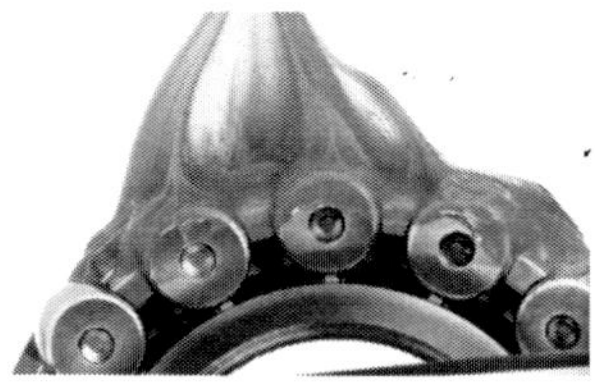

O principal motivo que nos leva a ter a necessidade extrema de realizarmos a lubrificação dos ativos e componentes, é a necessidade de controlar o Atrito.

O Atrito nada mais é do que a fricção entre dois corpos duros ou ásperos, roçando um no outro.

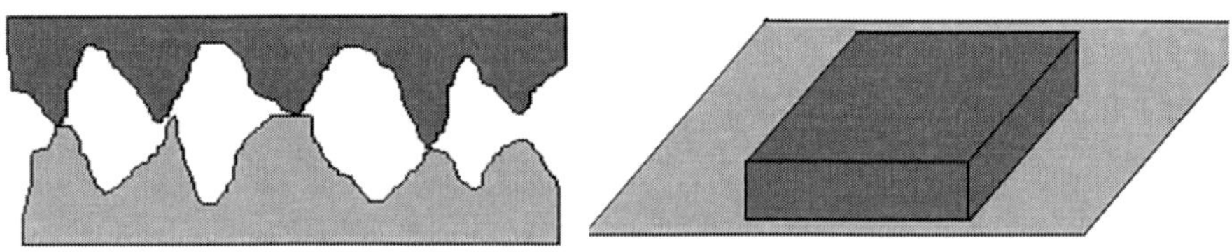

Sempre que uma superfície se mover em relação à outra superfície, haverá uma força contrária a este movimento, esta força se chama ATRITO.

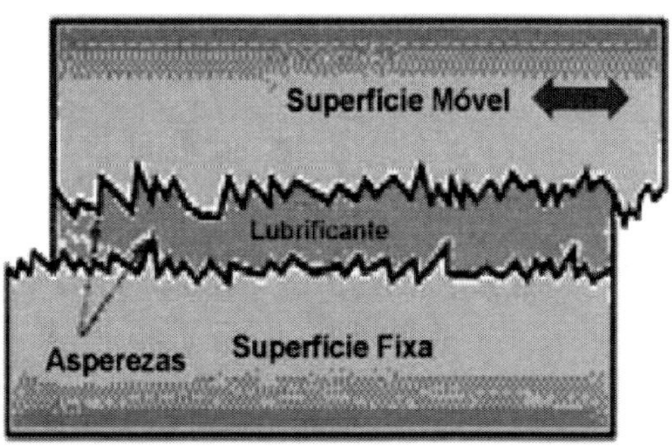

Sendo assim podemos definir o ATRITO como a força que se opõe ao movimento.

Em alguns casos o atrito é necessário, mas em sua maioria são indesejáveis.

Por quê?

- Dificulta o movimento.
- Consome maior energia motriz.
- Eleva a temperatura.
- Aumenta o desgaste.

Todos estes fatores prejudicam o trabalho, por isso o atrito precisa ser o mínimo possível.

Existem tipos diferentes de atrito os quais são:

Atrito Sólido: Quando á contato de duas superfícies sólidas entre si. Este atrito pode ser de dois tipos:

Atrito de Deslizamento: Isso se dá quando uma peça é empurrada sobre a outra e desliza sobre a superfície uma da outra.

Atrito de Rolamento: Isso se dá quando uma peça gira em cima da outra se movimentando sobre a superfície.

Atrito Fluído: Quando existir uma camada fluida separando os corpos em movimento.

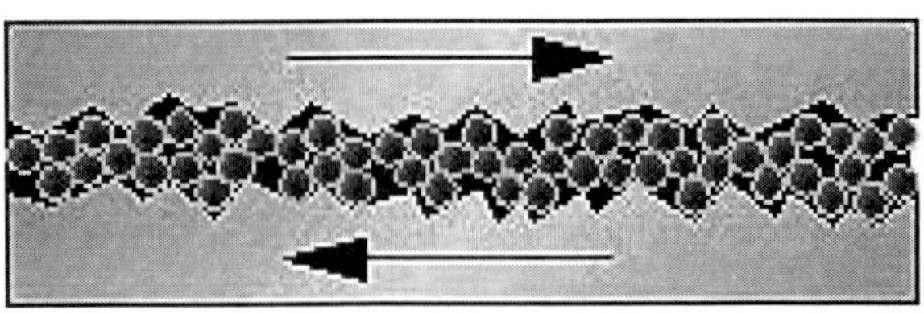

Quando se tem uma lubrificação deficiente, o atrito não será controlado, e sempre que o atrito estiver presente na movimentação dos ativos e componentes sem o devido controle, pode se gerar diversas consequências às quais são totalmente indesejáveis tais como:

a) Quando se tem atrito entre dois metais duros, certamente terá um cisalhamento da parte mais frágil.

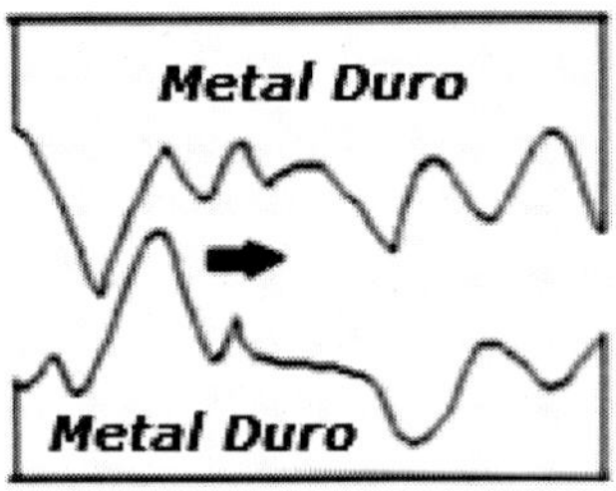

b) Quando se tem atrito entre um metal duro com um metal macio, certamente terá um arraste do material macio.

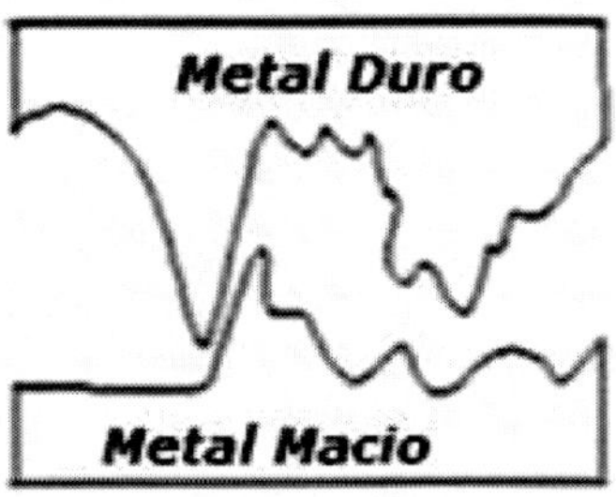

c) Quando se tem atrito entre dois metais duros e o ponto de adesão entre eles é extenso, certamente teremos uma fusão dos metais, ou seja, uma soldagem a frio.

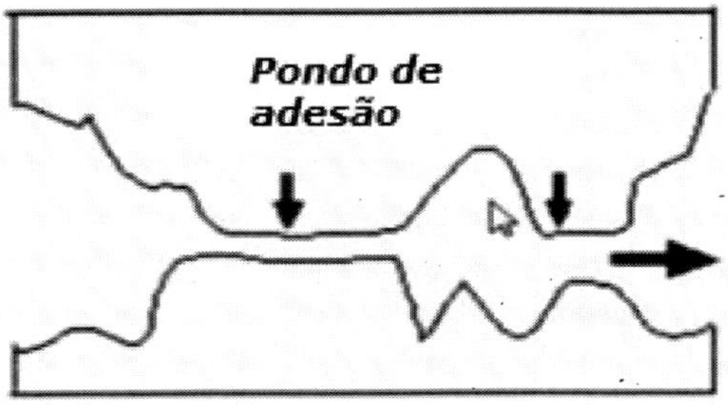

Por isso, lubrificar é a melhor solução quando se deseja ou necessita controlar a intensidade do atrito.

A lubrificação é uma das atividades do universo da manutenção que é extremamente controlada por normas que regem tanto as especificações como as aplicações dos lubrificantes.

Suas principais normas a nível mundial são:

★ Norma ISO 3448
★ ASTM 2442
★ ASTM D-97
★ ASTM D-445
★ ISO VG
★ API
★ AGMA
★ SAE CARTER
★ SAE ENGRENAGEM

Todas estas normas devem ser cumpridas em sua plenitude para que tenhamos lubrificantes de alta qualidade e que nos auxiliem no controle do atrito indesejado.

Como o maior desafio da manutenção atual ainda é o custo é extremamente necessário que este seja controlado para garantir uma alta produtividade com qualidade e custos adequados.

Entretanto é muito comum as gestões enxergarem o lubrificante como um custo muito baixo em seu processo industrial.

Isso acontece porque quando avaliamos os custos de lubrificação, geralmente enxergamos apenas os custos com a aquisição do lubrificante. Neste caso certamente o custo será baixo, como mostra uma pesquisa realizada nos últimos tempos sobre tais custos de lubrificação, apenas 4% do orçamento total da manutenção de destina a lubrificação.

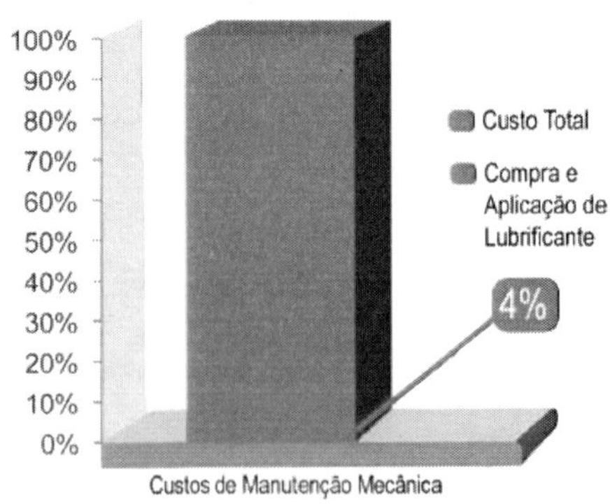

Se analisarmos detalhadamente as frequentes falhas ocorridas no universo da manutenção, podemos verificar que:

- Mais de 90% das quebras de acoplamentos de engrenagens se relacionam com a lubrificação.
- Cerca de 39% dos redutores de velocidade quebram por falhas de lubrificação.
- Aproximadamente 75% das falhas em sistemas hidráulicos podem ser atribuídas ao óleo.
- Nas indústrias 75% das falhas de motores elétricos esta atrelada a lubrificação dos rolamentos.
- Um total de 90% das falhas dos elementos de máquinas são classificadas como pre maturas e tem relação direta com a lubrificação.

Ou seja, em todos os casos a lubrificação tem relação direta com a performance dos ativos e ciclo da cadeia produtiva.

Desta forma a perspectiva com relação ao custo de lubrificação dentro do cenário da manutenção muda e pode ser representada pelo gráfico abaixo, deixando de representar de 4% para aproximadamente 30% dos custos totais da manutenção.

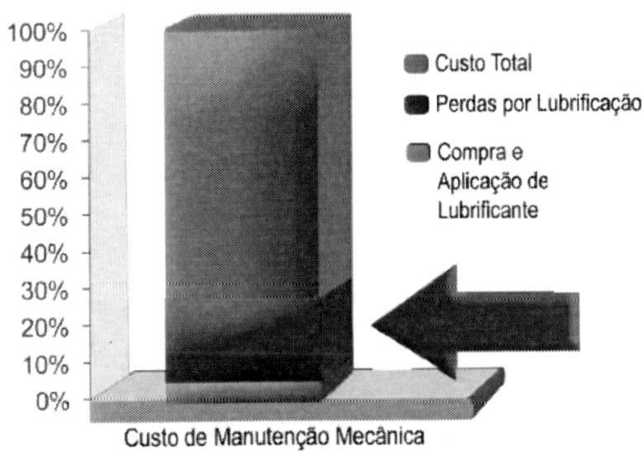

Para realizarmos a lubrificação, necessitamos dos lubrificantes. E lubrificantes pode ser definido como substancias que colocadas entre duas superfícies móveis ou uma fixa e outra móvel, formam uma película protetora que tem por função:

- Reduzir o atrito.
- Reduzir o desgaste.
- Auxiliar no controle da temperatura
- Auxiliar na Vedação dos componentes.
- Proteger as peças contra a Corrosão.

- Amortecimento de Choques
- Transmitir Força.
- Vedação.

Na lubrificação também existem classificações distintas quanto a seus tipos comuns de aplicação. Ela pode ser classificada, de acordo com a película lubrificante, em total ou fluida, limite e mista.

Na lubrificação total ou fluida, a película lubrificante separa totalmente as superfícies, não havendo contato metálico entre elas.

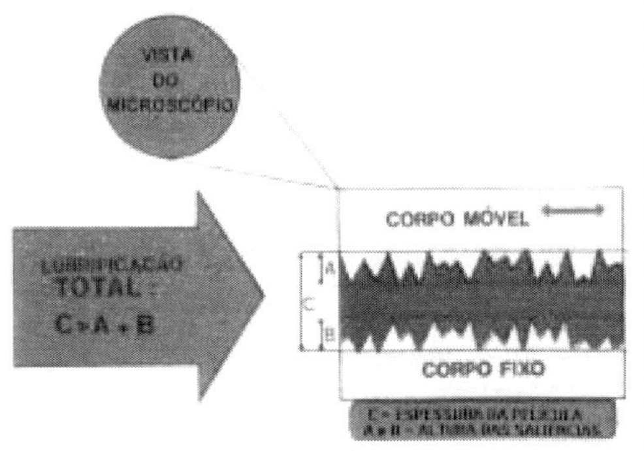

Na lubrificação limite, a película, mais fina, permite o contato entre as superfícies de vez em quando, isto é, a película possui espessura igual à soma das alturas das rugosidades das superfícies.

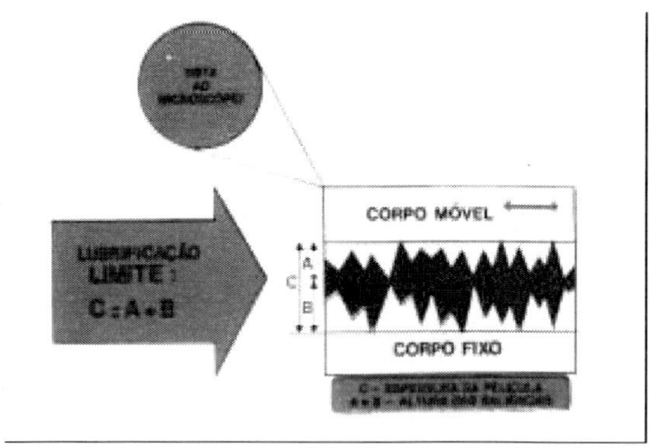

Na lubrificação mista, podem ocorrer os dois casos anteriores, na partida os componentes estão apoiados sobre as partes fixas, havendo uma película insuficiente, permitindo o contato entre as superfícies. A partir de certa velocidade, é produzida uma pressão que separa totalmente as superfícies, não havendo contato entre elas.

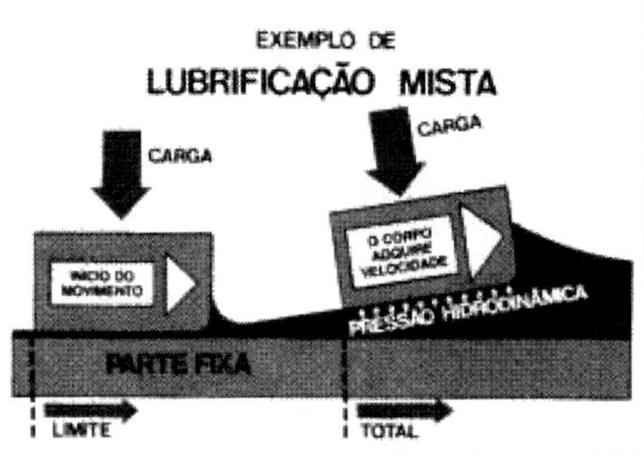

Outra característica da lubrificação é que para cada tipo de aplicação, existe um tipo de lubrificante ideal, ou seja, os lubrificantes também possuem formas distintas. Dentre os mais comuns temos:

a) Lubrificantes Líquidos: mais conhecidos como Óleos.

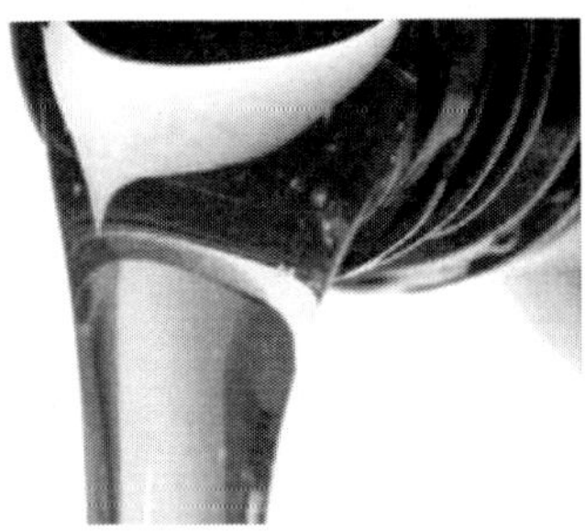

b) Lubrificantes Pastosos: comumente conhecidos como Graxas.

c) Lubrificantes Sólidos: para estes tipos existem produtos diferentes tais como bronze, nylon, grafite, bissulfeto de molibdênio, entre outros.

Quanto aos Óleos, estes são classificados de acordo com sua natureza, e podem ser:

★ Mineral.
★ Sintético.
★ Vegetal.
★ Animal.

Algumas de suas principais características são:

★Densidade
★ Viscosidade;
★Ponto de fulgor;
★Ponto de combustão;
★Ponto de fluidez;
★Cor;
★Aditivos;

Principais tipos de lubrificação a Óleo:

1- Lubrificação por banho de óleo.

A lubrificação por banho de óleo é o método mais comum de lubrificação, sendo amplamente utilizada em rotações baixas ou médias. O nível de óleo, por norma, deve ficar no centro do corpo rolante na posição mais baixa; desejável dispor de um visor para poder confirmar com facilidade o nível de óleo.

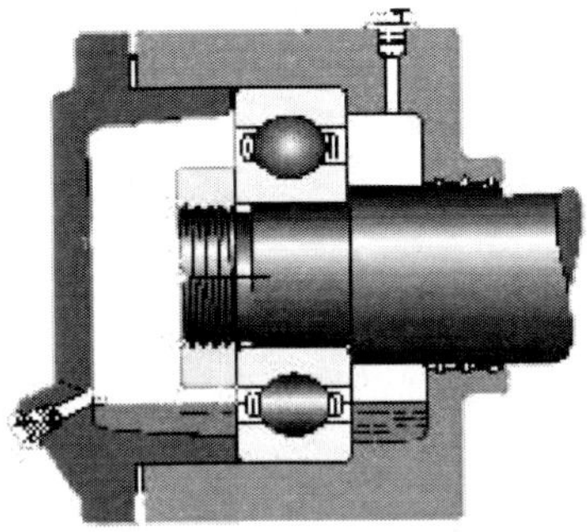

2- Lubrificação por Gotejamento.

A lubrificação por gotejamento é um método amplamente utilizado em pequenos rolamentos de esferas que operem em rotações relativamente altas, óleo fica no copo conta-gotas, o gotejamento do óleo é ajustado por um parafuso no topo do lubrificador.

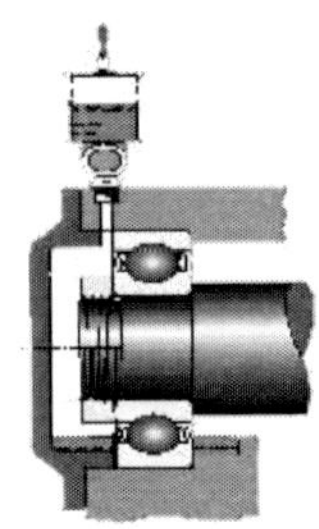

3- Lubrificação por Salpico.

A lubrificação por salpico é um método de lubrificação do rolamento com os respingos arremessados por engrenagens ou por anéis giratórios, próximos do rolamento, sem que este mergulhe diretamente no óleo; amplamente utilizado em transmissões e diferencial de veículos automotivos.

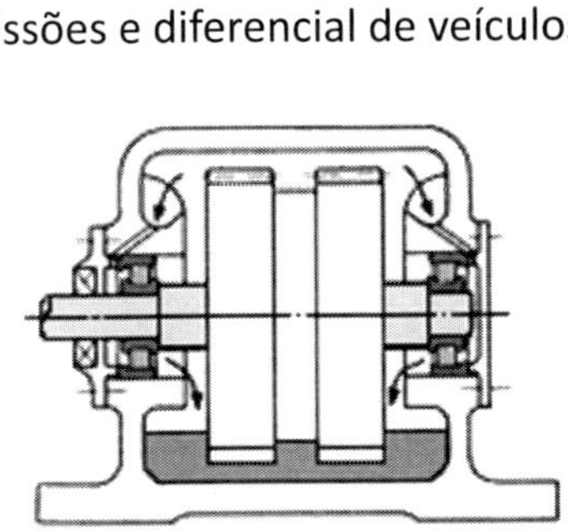

4- Lubrificação por Circulação.

A lubrificação por circulação de óleo é largamente adotada em solicitações onde há necessidade de efetuar o resfriamento das partes do rolamento, como em aplicações de alta rotação que geram o aumento de temperatura pelo atrito, ou também em casos do calor de origem externa.

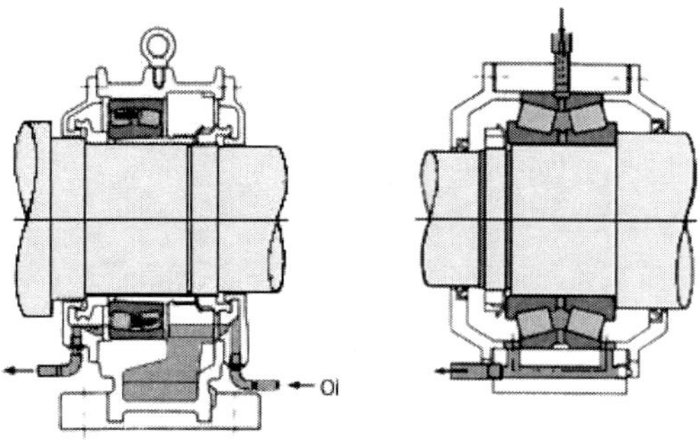

5- Lubrificação por Jato de Óleo.

A lubrificação por jato de óleo é frequentemente utilizada em rolamentos que operam em altas rotações, por exemplo os motores a jato, onde o valor do dmn (diâmetro médio*rotação) ultrapassa 1.000.000.

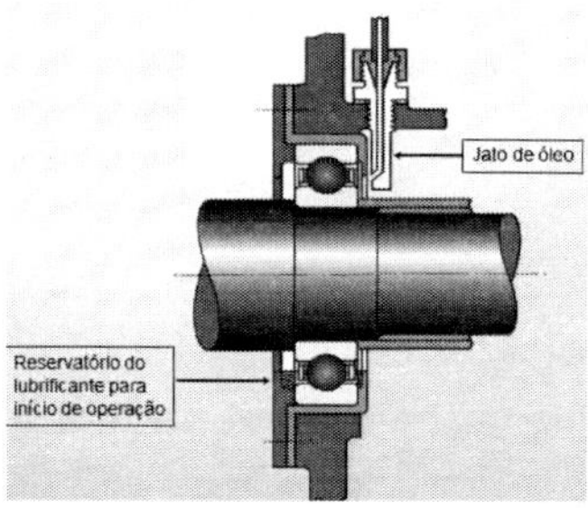

6- Lubrificação por Névoa de Óleo.

A lubrificação por névoa de óleo é um método que consiste em transportar o óleo lubrificante com o ar, em forma de névoa para borrifar o rolamento.

O método de lubrificação por névoa de óleo é usado para lubrificar fusos de alta rotação das máquinas-ferramentas, bombas de alta rotação, rolamentos para cilindros da laminação, entre outros.

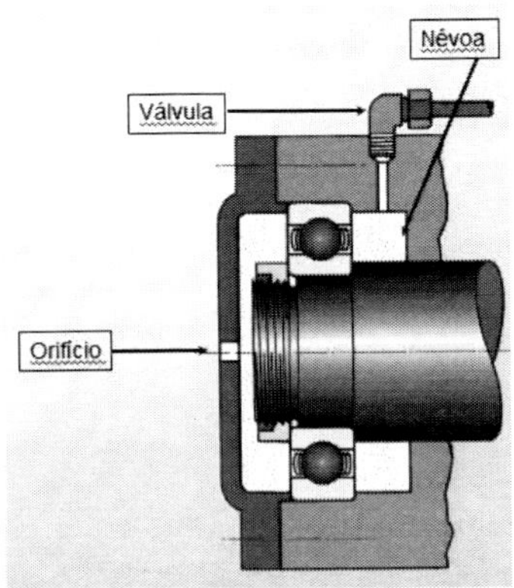

7- Lubrificação Óleo/Ar.

O sistema de lubrificação óleo-ar consiste num pistão dosador que lança intermitentemente uma pequena quantidade de óleo lubrificante, que através de uma válvula misturadora é paulatinamente arrastada pelo ar comprimido, alimentando o rolamento com um fluxo contínuo de gotículas.

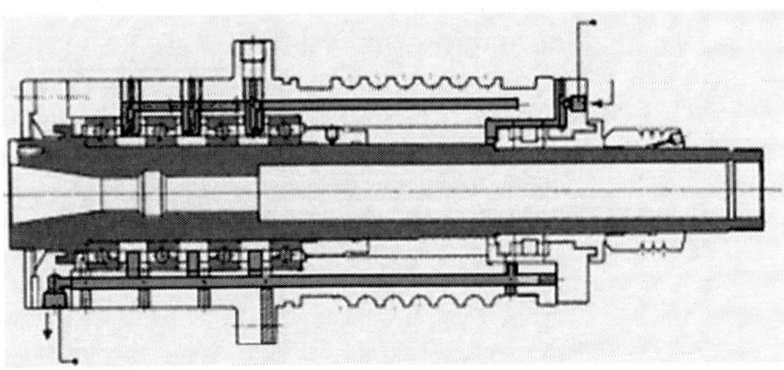

Para os casos em que se utiliza lubrificação a Óleo, o intervalo para a troca de óleo difere de acordo com o volume de óleo e as condições de operação. Normalmente, nos casos em que a temperatura de trabalho seja inferior a 50°C, com boas condições ambientais e pouca sujeira, trocas anuais são suficientes.

Entretanto, nos casos em que a temperatura do óleo atinge níveis de 100°C, a troca deve ser efetuada em um período de três meses ou inferior.

Ainda, em casos em que haja penetração de umidade ou em lubrificação por banho de óleo onde tenha penetração de partículas estranhas, o intervalo para a troca deve ser reduzido mais ainda.

Quanto as Graxas, elas também são classificadas de acordo com sua natureza, e podem ser:

- Orgânica.
- Inorgânica.

Suas principais características são:

★ Consistência.
★ Tipo de Sabão.
★ Tipo de Óleo.
★ Ponto de Gota.
★ Bombeabilidade.

Estima-se que aproximadamente 80% dos rolamentos instalados nos ativos industriais são lubrificados com graxa.

Para lubrificação com graxa o melhor método sem duvida ainda continua sendo o bombeamento quer seja por sistema manual ou automático (centralizado).

Outro componente importante existente no lubrificante é o Aditivo, os quais podem ser definidos como sendo produtos químicos que, adicionados aos óleos, com o objetivo de aumentar sua eficiência, reforçando lhes ou mesmo conferindo-lhes propriedades necessárias ou extraindo outras para que o lubrificante atenda as necessidades para as quais ele foi desenvolvido.

Importante lembrar que os lubrificantes são separados por "Famílias". E cada família (redutores, hidráulicos, correntes, dentre outras famílias), possui um pacote de aditivos diferentes.

As falhas de lubrificação são caracterizadas por apenas 4 fatores, sendo eles:

a) Lubrificante inadequado (especificação incorreta).
b) Quantidade de lubrificante inadequada (falta ou excesso).
c) Frequência de lubrificação incorreta.
d) Método de lubrificação ineficaz.

Para que seja possível garantir uma correta lubrificação, é preciso evitar as falhas e para tal deve-se:

a) Aplicar o Lubrificante Certo.
b) No tempo certo.
c) Na quantidade adequada.
d) Da forma Correta.
e) Evitar contaminações.

O Quarto Elemento

Limpeza

Industrial

3.4-LIMPEZA INDUSTRIAL

Em todo o segmento industrial as contaminações se encontram presentes. Portanto uma limpeza industrial realizada corretamente pode aumentar a vida tecnicamente útil dos ativos e da estrutura da organização.

A limpeza industrial é fundamental para manter o alto nível de qualidade dos produtos e serviços, além de proporcionar um ambiente de trabalho mais agradável e confortável.

Estudos mostram que a poeira, a sujeira e as demais contaminações são responsáveis por grande fatia das causas raízes das falhas prematuras dos ativos.

A remoção da sujeira acumulada sobre um componente ou equipamento, pode evitar que o mesmo venha a sofrer por contaminação, pois o acumulo de sujeito pode proporcionar ao equipamento:

- Entrada de contaminante dentro dos ajustes dos elementos de máquinas.
- Dificuldade de troca térmica devido à redução de espaço físico.
- Impregnação e inutilização em contatos de acionamentos.
- Dificuldade no acesso visual para inspeção do ativo e ou componente.
- Oxidação e encrustramento dos componentes.
- Desgaste excessivo dos componentes.

Portanto a limpeza externa dos ativos e componentes se faz necessária para manter os mesmos em condições normais de funcionamento.

Em se tratando de lubrificação, para evitar as contaminações, primeiro é necessário que possamos conhecer quais são os contaminantes:

Contaminantes é qualquer corpo externo que causa dano químico ou físico para o lubrificante ou aos componentes da máquina.

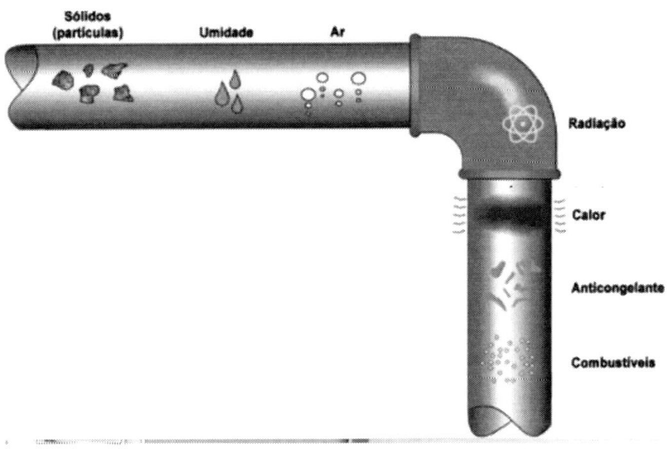

Contaminantes são todas as substancias estranhas ao lubrificante.

- Poeira.
- Umidade.
- Óxidos.
- Partículas solidas.

Os contaminantes roubam a eficiência dos lubrificantes.

Infelizmente nas indústrias ainda existem infinitas fontes de contaminações de lubrificantes, onde na atualidade as mesmas já deveriam estar extintas.

Comumente encontram-se situações como estas nas indústrias:
Tambores de lubrificantes expostos à contaminantes.

Armazenamento incorreto, ferramental inadequado, ativos descuidados, entre outros.

As partículas sólidas são consideradas os inimigos invisíveis dos lubrificantes, e na ilustração a seguir é possível entendermos como esta partícula pode nascer e contaminar os lubrificantes.

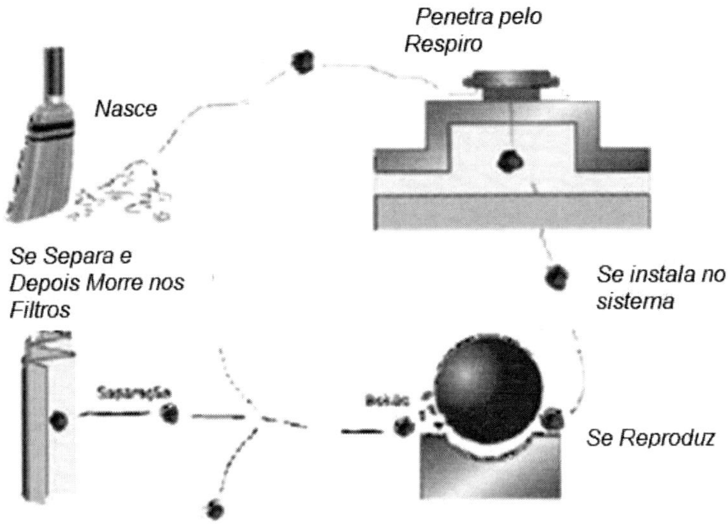

Uma vez dentro dos sistemas as partículas tem a capacidade de se proliferarem.

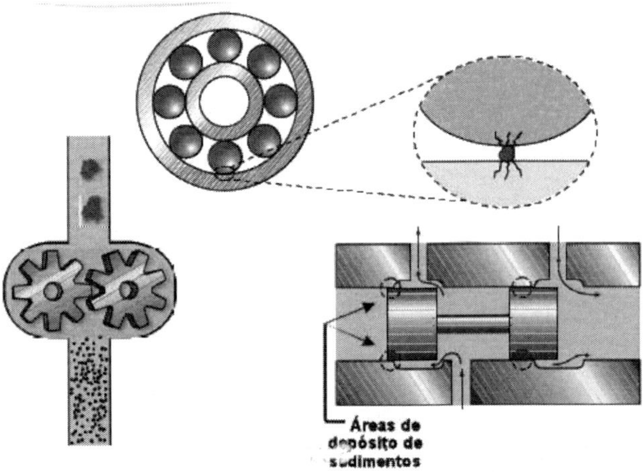

É muito comum que os profissionais que não convivem diretamente com estas condições acreditam que aquilo que não se pode ver não pode causar nenhum dano. Entretanto a condição é exatamente ao contrario, por mais que não possamos enxergar as impurezas, elas mesmo assim podem atacar e agredir os elementos de máquinas causando danos irreparáveis e impedindo seu desempenho levanto às suas mortes prematuras.

Quando se fala em partículas minúsculas, elas podem ser menores do que se imagina e mesmo assim serem prejudiciais.

Entendendo o tamanho das partículas:

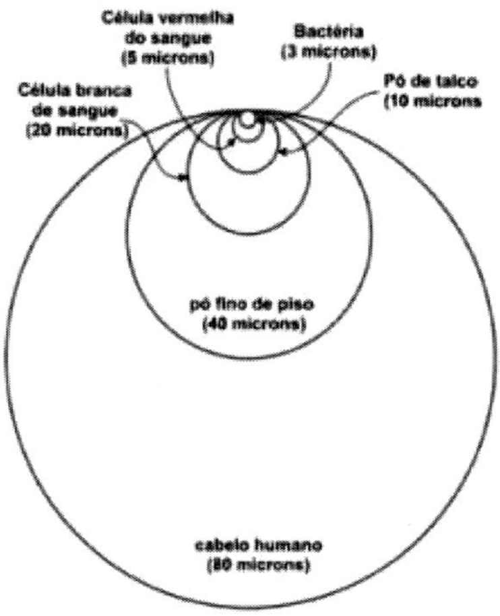

Tamanho		Quantidade típica de partículas
Microns	Polegadas	p.p.m.
3	0.00012	1036
5	0.0002	584
10	0.0004	183
20	0.0008	36
40	0.0016	5
80	0.0032	1

Conforme as partículas se tornam maiores

.... A quantidade se torna menor

Microns = micrômetros = micras
1,000,000 microns = 1 metro
25,400 microns = 1 polegada
25 microns = 0.001 polegada

Como se pode ver, as partículas podem ser totalmente invisíveis e mesmo assim agredir os elementos de máquinas. Para se mensurar o tamanho do grau de contaminação que pode ser causado por estas partículas, apenas meio comprimido de aspirina será capaz de contaminar um tambor de 200 litros de óleo totalmente limpo, saindo de NAS 3 para um NAS 7.

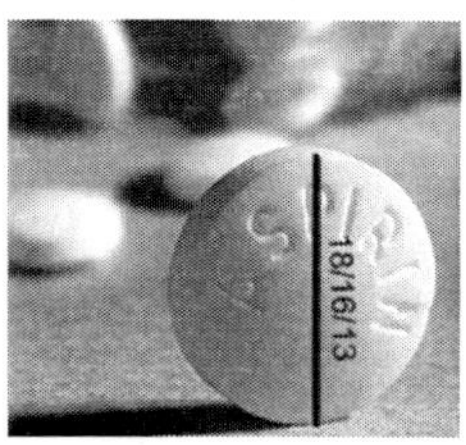

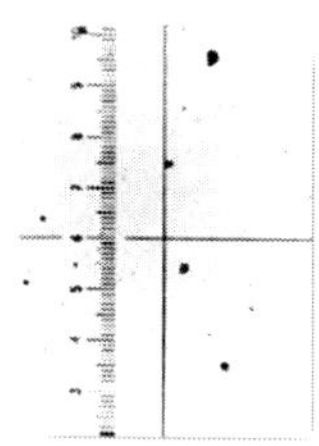

Veja como as contaminações podem surgir:

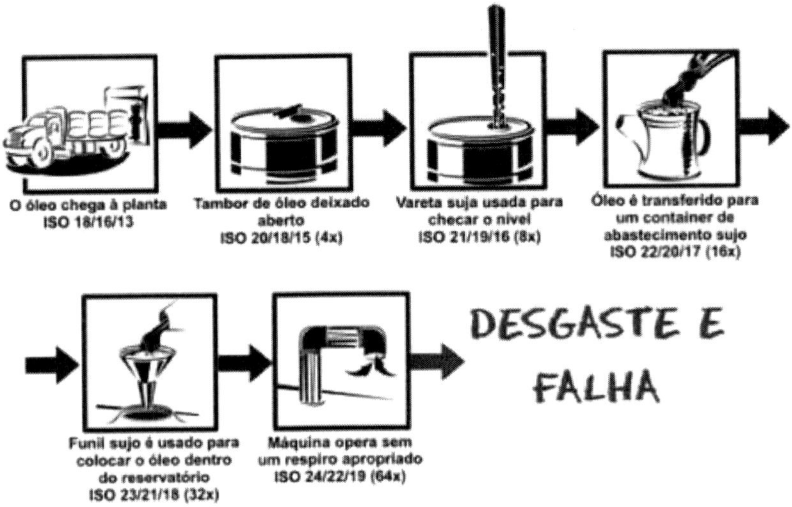

Outro fato extremamente relevante é a contaminação com água, pois os lubrificantes contaminados com água podem ter suas propriedades físicas e químicas completamente destruídas.

Por mais fechado, lacrado ou vedado que esteja o sistema, a agua ainda assim é capaz de invadi-lo de diversas formas tais como:

★ Condensação do ar úmido.

★ Quedas em temperaturas produzem condensação dissolvendo água nos tanques de armazenamento e reservatórios do equipamento.

★ Lavagens frequentes com água.

★ Chuva e umidade excessiva em certas aplicações.

★ Tampas inadequadas dos reservatórios.

Por outro lado, sempre imagina-se que o lubrificante que se encontra dentro do recipiente o qual esta acondicionado mesmo de fábrica, deva esta seco. Porém este fator depende de diversas condições como o ambiente e a forma de armazenagem e o posicionamento dos mesmos como mostra a imagem abaixo:

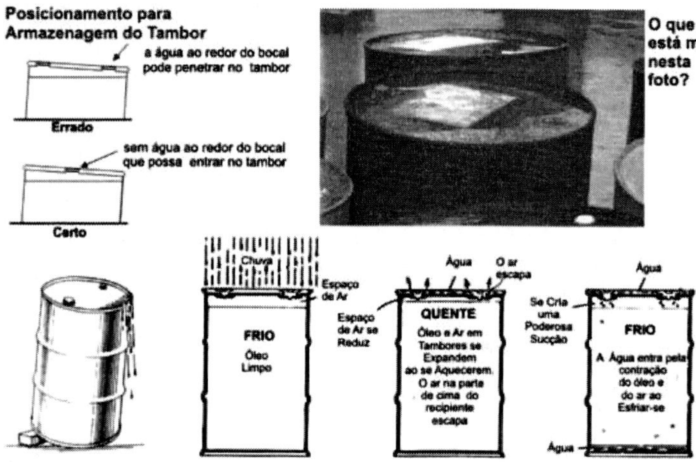

Quando a contaminação é através do calor, cria-se um problema maior ainda, pois operando a altas temperaturas o lubrificante fica suscetível a mudanças químicas e físicas.

O calor é um contaminante que intensifica os problemas, ele causa diversos danos tais como:

- Acelera a taxa de oxidação.
- Acelera o desgaste.
- Acelera a corrosão.
- Diminui a vida útil de componentes de borracha.
- Acelera a depleção de certos produtos químicos.
- Reduz as folgas pela ação da dilatação.

O calor pode intensificar todos estes problemas simultaneamente.

Outro tipo de contaminação quase imperceptível aos olhos das gestões são as contaminações por Ar e Gases. Como exemplo, sistemas lubrificados contaminados com ar e gases têm suas características muito alteradas.

Este tipo de contaminação pode gerar:

- Perda da película lubrificante.
- Espumação.
- Maior oxidação.
- Cavitação.
- Compressibilidade do fluido.

Além da contaminação das máquinas e componentes, os vazamentos podem contaminar o meio ambiente e gerar muito desperdício.

Onde:

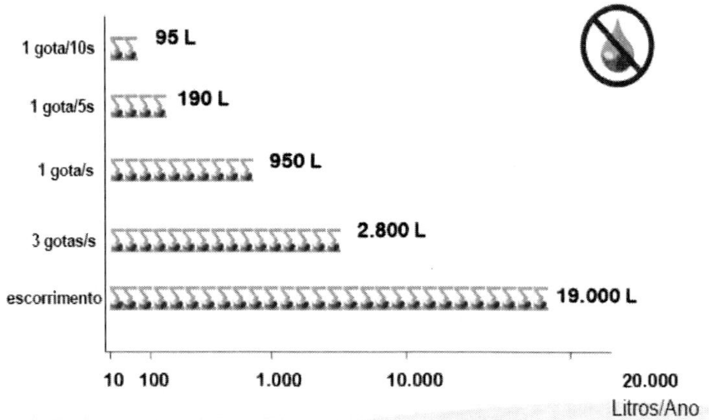

Além de contaminar o meio ambiente também gera perdas e custos desnecessários.

A orientação sempre será manter as máquinas e componentes limpos, porém existem alguns seguimentos industriais onde a sujeira e a contaminação faz parte do processo de produção, sendo praticamente impossível eliminá-la, processos estes tais como indústrias cimenteiras, cerâmicas, papel e celulose, entre outros.

Para indústrias frigoríficas o agravante maior é o excesso de limpeza. Esta limpeza deve ser realizada com jatos de agua e sabão por exigência da vigilância sanitária.

A agua jateada em excesso se torna muito prejudicial para os equipamentos, pois devido a pressão a mesma aumenta sua capilaridade penetrando no interior das máquinas e contaminando os componentes.

Entretanto esta condição se faz necessário para cumprir uma determinação de higienização imposta pela vigilância sanitária em regime de legislação nacional para garantir a irradicalização de bactérias e demais micro organismos.

O Quinto Elemento
Inspeção

Técnica

3.5-INSPEÇÃO TÉCNICA

Em todo este processo de controle para manter a produtividade sempre em dia, aumentando os lucros e diminuindo os custos consideravelmente, é que os gestores das fábricas de pequeno, médio e grande porte contam com profissionais especialistas em identificar possíveis avarias e falhas dos equipamentos e componentes, detectando o menor sinal de fogo.

É o inspetor de manutenção, o profissional responsável pelo controle, avaliação e fiscalização de todo o processo de produção de toda a empresa. Sua principal função é coletar, avaliar e analisar os dados com a finalidade de prever toda e qualquer eventual falha em uma máquina, equipamento ou componente, planejando como e quando tal elemento de máquina será reparado ou substituído.

Para garantir o sucesso econômico mundial, o mercado produtivo brasileiro deve estar na mais perfeita harmonia com o setor industrial e com os processos produtivos. A partir disso, o que se observa é uma preocupação bem maior com todo o planejamento das pequenas, médias e grandes fabricas e indústrias, especialmente incluindo programas e profissionais especializados em manutenção eficazes e capazes de detectar qualquer eventual problema nos equipamentos e componentes das máquinas, a fim de evitar paralisações e sucessivamente perdas de produção.

De acordo com os relatos de vários especialistas em manutenção, em que estudos sobre as falhas são realizados como forma de prever novas panes e contorná-las da melhor maneira possível, o inspetor de manutenção é essencial nas unidades industriais e quase sempre são formados em cursos técnicos.

Seu conhecimento é um aliado a mais das empresas para manter os processos produtivos alinhados e longe de qualquer tipo de impasse. Isso significa que um bom planejamento de manutenção, com inspetores qualificados e bem treinados tecnicamente para exercer suas funções, são duas armas capazes de fazer a diferença em qualquer manutenção além de aumentar substancialmente a lucratividade da indústria.

Com sua formação em uma determinada modalidade e apesar de sua importância na sistemática de manutenção do mercado industrial, esta cada vez mais difícil encontrar um inspetor de manutenção qualificado no mercado de trabalho.

Para isso as empresas estão investindo cada vez mais em funcionários que já fazem parte da sua equipe de trabalho, que em algumas vezes chegam a custear os cursos de formação para seus funcionários como forma de contar com um profissional experiente que já conhece toda a cultura e filosofia da empresa e pode contribuir ainda mais buscando conhecimento em outra área.

A inspeção visual é uma das técnicas de manutenção de maior simplicidade em sua realização, e de menor custo operacional. Esta prática depende do poder de observação do inspetor de manutenção e da capacidade técnica do mesmo de compreender o significado da avaria ou falha.

Por sua simplicidade, não há nenhum processo industrial em que ela não esteja presente, normalmente sendo utilizados na verificação das alterações dimensionais, desgastes, corrosões, deformações, alinhamentos, trincas, entre outras anormalidades.

Para ser um Inspetor de Manutenção Industrial é preciso ter competência.

E competência é um saber agir responsável e reconhecido, que implica mobilizar, integrar, transferir reconhecimentos, recursos e habilidades que agreguem valor econômico à organização e valor social ao indivíduo.

Como toda e qualquer sistemática ou filosofia, na manutenção por inspeção sensitiva, aplica-se alguns termos que não é do conhecimento de todos os profissionais que atuam neste segmento.

a) Inspetor de Manutenção Industrial:

É o profissional que tem a função de sentir, avaliar ou controlar as mudanças físicas das instalações, prevendo e antecipando falhas ou defeitos e tomando às medidas reparadoras apropriadas.

b) Manutenção por Inspeção:

É a modalidade da manutenção que tem por função detectar anomalias através dos sentidos humanos, seguindo um procedimento operacional, antes que a mesma venha a tornar-se uma falha.

c) Falha:

É o término da capacidade de um item de desempenhar sua função requerida.

Termos equivalentes utilizados:

- Quebra.
- Falha maior.

d) Defeito

Imperfeição que não impede o funcionamento de um item, todavia pode a curto ou longo prazo, acarretar a sua falha. Termos equivalentes utilizados: falha mínima, indício de anormalidade, falha incipiente, falha menor.

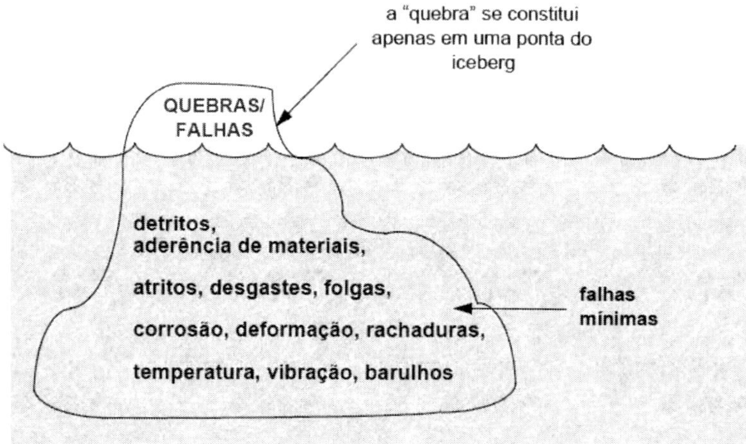

e) Efeito Multiplicador de defeitos:

É quando a causa dos defeitos se soma, e cuja resultante tem um efeito muito maior do que o efeito de cada uma isoladamente. Não é exagero afirmar que muitas das falhas crônicas, são devido ao abandono (acúmulo e repetição) de defeitos. A inspeção de ronda procura externar os defeitos de modo sistemático permitindo prevenir com antecedência a ocorrência de falhas. O tratamento que deve ser dado aos defeitos, é o mesmo dado às falhas na identificação das causas.

Por trás de um pequeno vazamento em um retentor pode até haver uma especificação de um material inadequada.

f) Inspeção de Ronda:

Também conhecida como Manutenção Preditiva Sensitiva ou Manutenção Preditiva Concisa.

É o ato de externar as falhas mínimas (defeitos) e prevenir com antecedência a ocorrência de falhas e quebras, utilizando basicamente os cinco sentidos, podendo ser auxiliada por alguns instrumentos, e visam avaliar os equipamentos e instalações em busca de defeitos ou sintomas que indiquem uma degeneração oriunda de causas anormais e que permita antecipar a uma falha maior.

As inspeções de ronda são realizadas por pessoal treinado e experiente na avaliação (principalmente utilizando os cinco sentidos) das variáveis de controle envolvidas nas inspeções e atento com as anormalidades adjacentes, assegurando uma supervisão cotidiana do conjunto dos equipamentos, evitando assim o acúmulo de um grande número de falhas menores, que poderiam ter consequências maiores com o passar do tempo.

As inspeções são realizadas com uma determinada sequência, de maneira que o inspetor percorra um caminho previamente estabelecido chamado roteiro.

As anormalidades identificadas durante a inspeção de ronda são registradas em um sistema ou banco de dados, permitindo o seu controle até que sejam planejadas as atividades que irão restabelecer, quando executadas, a condição normal do equipamento.

g) Roteiro de Ronda:

É o caminho previamente estabelecido entre os equipamentos e instalações de uma determinada área.

h) Sentidos:

É o que nos propiciam os relacionamentos com o ambiente em que estamos. Através dos sentidos nosso corpo percebe o que esta ao nosso redor, e isto nos ajuda a sobreviver e integrar com o ambiente em que vivemos.

É através dos sentidos que o inspetor de manutenção industrial consegue perceber e identificar quaisquer anormalidades nos equipamentos e componentes.

Audição - Utilizado para avaliar qualquer ruído anormal que o equipamento ou componente possa apresentar.

Visão - Utilizado para perceber qualquer irregularidade visual a qual o equipamento ou componente possa estar sendo submetido.

Tato - Utilizado para sentir toda e qualquer anormalidade quanto ao comportamento do equipamento ou componente, que se difere das condições normais de operação.

Olfato- Utilizado para identificar qualquer odor diferente das condições normais de operação de qualquer equipamento ou componente.

Paladar – É o sentido menos utilizado pelo inspetor de manutenção industrial, porem em alguns casos é ele que nos auxilia na detecção de possíveis vazamentos onde se trabalha com produtos químicos ou gases aos quais não podemos ver a olho nu, onde a exposição a estes produtos causam um sabor desigual, altamente percebido pelo paladar.

i) Período:

É o intervalo determinado para a execução da repetição da inspeção em um determinado ponto de um equipamento ou componente.

j) Configuração de ronda:

É o segmento onde a área da manutenção agrupa as atividades de inspeção de ronda que tem um tratamento comum, tais como, área geográfica, modalidade, condição de processo, entre outros.

k) Regime:

É o segmento ao qual se permite classificar o tipo da intervenção de ronda, que pode ser:

- Inspeção com o equipamento parado, sem desmontagem, onde a atividade final não é previamente planejada.
- Inspeção com o equipamento funcionando, e a atividade final não é previamente planejada.

l) Variável de controle:

É o indicador ao qual é avaliada a condição (estado) do elemento de máquina a ser inspecionado. Ex:

Item a inspecionar - pressão de recalque da bomba.

Variável de controle - pressão entre 105kgf/cm^2 e 110kgf/cm^2

m) Balanceamento:

É a distribuição de forma uniforme das diversas atividades nas listas que compõe o ciclo da configuração.

Programa de Inspeção

Baseado nos tipos de máquinas, equipamentos e componentes que se esta utilizando e dependendo das capacidades e finalidades de equipamentos especializados, elabora-se um programa de inspeção no sentido de identificar as possíveis irregularidades que impedem as máquinas de atenderem aos requisitos da produção, determinando assim um calendário de verificações periódicas e regulares, de acordo com a frequência do uso e volume de produção pré-estabelecido.

Existem várias formas de elaboração de um programa de inspeção, onde o que se difere entre eles é única e exclusivamente a necessidade de cada segmento de obter seus resultados de acordo com o nível de qualidade que se pretende adquirir, de forma que o software desenvolvido para tal programa deve conter as variáveis que o cliente solicitar de acordo com suas respectivas necessidades.

Existem alguns mínimos itens básicos para a elaboração de um programa de inspeção para que se possa atender à necessidade do inspetor de manutenção industrial para que seu trabalho possa ser desempenhado com qualidade e segurança.

a) Descrição do equipamento:

Baseado em informações constantes no manual do fabricante, abre-se fichas individuais, com dados técnicos das máquinas, equipamentos ou componentes.

b) Frequência das inspeções.

A frequência das inspeções pode ser determinada por diversos fatores:

Grau ou profundidade da intervenção - deve-se levar em conta a experiência adquirida no passado, optando-se por executar a inspeção parcial ou total.

Origem do equipamento – deve ser considerada a procedência do equipamento, se é de fabricação nacional ou importada, visto que o nacional permite maiores facilidades na obtenção de peças de reposição.

Idade dos equipamentos – os equipamentos mais antigos estão mais sujeitos a falhas, face à fadiga e envelhecimento físico e tecnológico dos componentes.

Condições de trabalho - existem equipamentos que não podem ficar parados ou deve obedecer ao horário de funcionamento pré-estabelecidos pelo cliente.

c) Itens a inspecionar.

De acordo com as informações do manual técnico do fabricante e pela experiência adquirida do profissional, procura-se estabelecer os itens das máquinas, equipamentos ou componentes que devem ser inspecionados.

Esta definição vai permitir o correto planejamento das atividades pertinentes às supostas anormalidades encontradas.

Como toda atividade de manutenção, o inspetor de manutenção industrial possui diversas atribuições durante seu dia a dia que complementa sua rotina e efetiva toda a sistemática de manutenção preditiva sensitiva.

Algumas atividades básicas que são de responsabilidades do inspetor de manutenção industrial:

a) Participar da reunião diária de segurança.
b) Ler o relatório do plantão.
c) Impressão da listagem de ronda.
d) Realizar a inspeção de ronda, avaliando o comportamento dos equipamentos, componentes e elementos de máquinas.
e) Conversar com os operadores, a fim de identificar alguma mudança no processo ou comportamento dos equipamentos.

f) Retornar com as informações encontradas para o sistema, detalhando as anormalidades encontradas.
g) Abrir solicitações de serviços pertinentes as irregularidades encontradas, mensurando tempo, mão de obra, material, entre outros dados técnicos.
h) Acompanhar a execução das atividades programadas conforme as irregularidades encontradas.
i) Solicitar material para substituição.
j) Solicitar envio de materiais para reparo quando necessário.
k) Realizar revisão da sistemática da inspeção de ronda, readaptando os períodos, regimes, variáveis entre outros.
l) Desenvolver e propor melhorias nos equipamentos.
m) Participar de reunião de segurança.
n) Participar de reuniões de programações de manutenções programadas.
o) Participar das elaborações das análises de falhas.
p) Registrar as ocorrências de falhas no sistema.
q) Participar de treinamentos específicos e corporativos.
r) Realizar testes nos equipamentos após as intervenções.
s) Retirar dúvidas técnicas dos executantes das atividades de intervenções.
t) Avaliar e criticar as solicitações operacionais.
u) Estudar as particularidades dos equipamentos, componentes e elementos de máquinas.
v) Solicitar revisões dos desenhos técnicos e diagramas.
w) Ser multiplicador das culturas empregadas pela empresa.
x) Analisar laudos de terceiros (reparo e preditiva precisa).
y) Ser o link entre operação e execução da manutenção.
z) Ser o comunicador junto à operação sobre as condições atuais dos equipamentos.
aa) Elaborar procedimentos de execução das atividades.
ab) Participar da elaboração das análises de riscos das atividades.
ac) Contribuir com informações para elaboração dos indicadores da manutenção.

Para que o inspetor de manutenção industrial possa seguir corretamente todas as suas atribuições, conforme citado acima, é de extrema necessidade que o mesmo tenha a sua inteira disposição um banco de dados para armazenar as informações coletadas. Para tal existem softwares específicos para o gerenciamento desta modalidade, ou até mesmo qualquer banco de dados que seja passivo de consulta e emissão de relatórios.

Entretanto toda e qualquer sistemática necessita ser aprimorada, com as inspeções não é diferente.

Não existe plano de inspeção infalível, para isso o inspetor é a ferramenta necessária para adequar toda a sistemática de inspeção, de acordo com o comportamento dos equipamentos e componentes.

Para que o inspetor tenha total sucesso em suas solicitações de aprimoramento, existe uma ferramenta que se torna indispensável no seu dia a dia para realização das suas atividades.

Ferramenta esta que se trata de um método de melhoria continua, e não se esgota sua aplicabilidade com uma única utilização no processo, e que permeia em todos os processos da manutenção / inspeção.

Ciclo PDCA.

P – Plan – Planejar – É utilizado para se definirem os objetivos a serem alcançados na manutenção ou na melhoria dos métodos e dos processos que servirão para atingirem suas metas propostas.

D – Do – Executar – É a realização da educação e dos treinamentos necessários à execução das atividades que servirão para atingirem os objetivos e efetivamente a execução das atividades que compõem os processos e a realização da manutenção e das medições da qualidade.

C – Check – Checar – É a averiguação dos resultados das atividades executadas, comparando-se as medições realizadas com os objetivos estabelecidos. Procede-se, portanto a análise em direção à melhoria.

A – Action – Agir – Em função da análise anterior, esta parte compreende a realização das correções dos desvios apresentados em relação aos objetivos, e a eliminação de problemas de acordo com os parâmetros já definidos ou, com novos padrões estabelecidos.

O Ciclo PDCA, pode identificar novos problemas ou avanços a cada ciclo realizado, com vistas à Melhoria Continua. Isto se deve ao fato de que muitos problemas somente são visíveis após a realização do ciclo anterior.

Outra particularidade das funções do inspetor de manutenção industrial é a sua postura profissional, a qual o mesmo deve manter diante de todas as supostas avaliações e analises que os equipamentos devem ser submetidos. De acordo com a postura deste profissional, destacam-se as seguintes condições:

a) **Atenção -** o inspetor deve sempre estar atento a quaisquer condições adversas que por ventura venha a ocorrer no comportamento do equipamento

b) **Desconfiar –** o inspetor deve sempre desconfiar de comportamentos intermitentes dos equipamentos a fim de perceber as possíveis falhas ocultas dos componentes e elementos de máquinas.

c) **Duvidar –** o inspetor deve sempre duvidar das informações recebidas referente ao comportamento dos equipamentos, principalmente no que diz respeito a falhas que desapareceram sem nenhuma intervenção.

d) **Atitude –** o inspetor deve sempre tomar alguma atitude rápida sempre que detectar alguma anormalidade ou irregularidade no comportamento dos equipamentos e componentes.

e) **Conferir –** o inspetor deve sempre conferir novamente o diagnóstico definido para a detecção de toda e qualquer anormalidade, bem como os valores de ajustes dos componentes e elementos de máquinas dos equipamentos.

f) **Obedecer –** o inspetor deve obedecer todas as normas, diretrizes, códigos de éticas e procedimentos da empresa destinados a segurança, meio ambiente, comportamento, postura e relacionamentos.

g) **Observar –** o inspetor deve sempre observar o comportamento dos equipamentos e componentes com o intuito de identificar alguma incoerência na sua condição ideal de operação, não se limitando a uma única vistoria durante a realização da lista de ronda.

h) **Conhecer –** o inspetor deve conhecer o principio de funcionamento dos equipamentos para que possa ter condições de identificar quaisquer irregularidades durante seu funcionamento.

i) **Entender –** o inspetor deve entender todo o processo operacional para que possa ter condições de avaliar possíveis falhas e definir se as mesmas são falhas de manutenção ou são pertinentes às falhas de operação.

j) **Relatar –** o inspetor deve relatar a seus superiores e colaboradores operacionais as condições atuais dos equipamentos afins de que ao conhecer tais condições, seus superiores possam tomar alguma decisão que requer uma escala hierárquica superior e ou para que os operadores possam redobras suas atenções diante de alguma condição insegura.

k) **Evitar –** o inspetor deve evitar que o equipamento continue operando em condições precárias e possam colocar em risco a segurança dos operadores e ao meio ambiente em função de qualquer condição insegura.

l) **Impedir –** o inspetor deve impedir que o equipamento volte a operar sem suas condições normais de segurança e ou sem condições de garantir uma confiabilidade desejada. (salvo por determinações de uma escala hierárquica superiores).

m) **Estudar –** o inspetor deve manter seus conhecimentos atualizados através de estudos aprofundados referentes aos detalhes técnicos dos equipamentos e componentes para garantir seu amplo domínio sobre as detecções das possíveis falhas e avarias ocultas.

n) **Cumprir –** o inspetor deve cumprir com cem por cento de sua rotina de inspeção sem deixar realizar os pontos de inspeção por quaisquer que sejam os motivos ou ao menos informar aos superiores imediatos a não execução dos mesmos.

o) **Zelar –** o inspetor deve zelar pela integridade física das máquinas, equipamentos e componentes.

p) **Propor –** o inspetor deve avaliar e propor melhorias continua nos equipamentos, a fim de aumentar sua disponibilidade, confiabilidade e manutenabilidade.

q) **Otimizar –** o inspetor deve avaliar as condições dos equipamentos para otimizar os recursos com o intuito de reduzir os custos da organização.

Com a realização diária de todas as atividades destinadas ao inspetor de manutenção industrial, de forma correta e coerente, é possível contribuir significativamente, para que se possam atingir as metas destinadas à manutenção, principalmente uma disponibilidade satisfatória e uma confiabilidade oportuna de todos os sistemas funcionais de uma determinada unidade de produção.

As praticas de manutenção por inspeção sensitiva, a qual se utiliza os sentidos para a avaliação das condições e comportamentos dos equipamentos e elementos de máquinas são desenvolvidas ao longo do tempo a qual se adquire com o convívio com os mesmos onde a observação detalhada de cada componente em específico dá ao profissional da área uma familiaridade com tais comportamentos, onde após qualquer indício de anormalidade pode ser facilmente detectado, e toda e qualquer correção de falhas pode ser eliminada antes mesmo que o defeito se propague e venha à tona.

É bom lembrar que o inspetor de manutenção, jamais deve ignorar as informações técnicas dos fabricantes referente a qualquer defeito encontrado em um equipamento através da inspeção. Pois, as informações dos fabricantes sempre vêm a complementar o diagnostico do inspetor quando o mesmo se depara com falhas ou defeitos ocultos.

O que às vezes acontece nas possíveis divergências das informações dos fabricantes com as falhas ou defeitos detectados in loco sobre o comportamento dos equipamentos, é que as condições de aplicação, operação e até climáticas, podem ocasionar alguma condição onde o equipamento possa ter um comportamento diferente do projetado.

Uma vez que o inspetor de manutenção consegue aprimorar seus sentidos e perceber as supostas alterações de comportamento dos equipamentos e componentes o mesmo pode dominar a técnica e a cada dia aprimorar tais habilidades.

Esta forma de manutenção (inspeção sensitiva) não elimina as falhas, apenas as detecta. O profissional direcionado para realização destas atividades deve ser bem disciplinado, curioso e estar em constante envolvimento com os equipamentos, além de seguir veementemente as orientações informadas, onde as atribuições do inspetor de manutenção industrial abrange um imenso universo de atividades as quais devem ser seguidas e realizadas em toda a sua plenitude. Onde desta forma as informações referente ao comportamento dos equipamentos fluem e seguem o fluxo correto das programações e realizações das atividades, com o intuito de eliminar as falhas ou defeitos.

A informação que sempre tem que esta a frente de quaisquer situações e atitude do inspetor de manutenção industrial é de que todo desempenho e sucesso da atividade de inspeção sensitiva dependem única e exclusivamente da determinação e comprometimento do profissional que a esta executando.

4 - Nota do Autor

Após meus 27 anos de experiências em gerenciamento de manutenção industrial, desenvolvendo trabalhos e projetos de execução de atividades de manutenção, auditorias da manutenção, classificando o grau de maturidade da manutenção, realizando planejamentos de manutenção, desenvolvimento e implantação de ferramentas estratégicas, elaboração de planos de manutenção, ministrando cursos de aperfeiçoamento e participando das mais variadas atividades práticas do universo da manutenção, não seria nenhum exagero em afirmar que embora seja necessário cuidar de todos os ativos cada um com suas particularidades, para manter suas respectivas características de funcionamento para as quais foram projetados, precisamos garantir:

1- Que o Ativo encontra-se com seu Alinhamento correto, respeitando todas as tolerâncias de concordâncias.

2- Que o Ativo encontra-se bem Ajustado, respeitando suas tolerâncias dimensionais dentro dos padrões das normas internacionais.

3- Que o Ativo encontra-se muito bem Lubrificado, respeitando os princípios básicos da lubrificação que seria o lubrificante correto, na quantidade correto, na frequência correta e com o método aplicado correto.

4- Que o Ativo encontra-se Limpo, descontaminado, sem impurezas internas de acordo com os padrões mínimos exigidos tanto pelas legislações, pelas boas práticas mundiais e também pelas diretrizes internas da organização.

5- Que o Ativo encontra-se sendo Inspecionado e avaliado por um profissional altamente capacitado e qualificado para detectar quaisquer anomalias em seu funcionamento, detectando os possíveis defeitos, encaminhando para as revisões em tempo hábil, evitando assim as gerações das falhas e paradas do Ativo.

Os 5 elementos principais citados neste projeto nos mostram um direcionamento lógico para que seja possível garantir o mínimo de eficiência do desempenho dos ativos. Sabemos que para atingirmos a excelência necessitamos muito mais ações e estratégias do que apenas nos prender a estes cinco tópicos.

O que é pretendido nesta dissertação é mostrar que se conseguirmos praticar pelo menos estas cinco ações, certamente o resultado alcançado terá o mínimo de base para que seja possível manter os ativos em bom estado de funcionamento e ai sim ter a oportunidade de desenvolver outras estratégias para melhorar ainda mais a performance, aperfeiçoar o conhecimento da equipe, melhorar a qualidade e readequar os custos sem sacrifícios e sem desgastar a mão de obra, conseguindo assim se tornar um segmento competitivo no mercado industrial.

Em resumo geral pode-se entender que se o ativo estiver alinhado, ajustado, lubrificado, limpo e bem inspecionado periodicamente, certamente não teremos problemas repentinos nem prematuros que o impeça de desempenhar suas funções. Salvo acidentes operacionais que esta fora do controle da equipe de manutenção.

De todos os 5 elementos classificados como primordiais, em particular o quinto elemento é sem dúvida o mais importante de todos, pois é dele que extraímos as reais condições de todos os outros quatro elementos, ou seja, a partir deste quinto elemento podemos garantir que os demais se encontram bem definidos, ou se quaisquer condições anormais pertinentes a equívocos cometidos durante sua instalação ou manutenção, e ou variações durante seu processo de trabalho possam estar afetando seu desempenho.

Na manutenção moderna o Inspetor de manutenção é um profissional ou uma ferramenta fundamental para garantir o bom desempenho dos Ativos Físicos direcionando-os para atingir uma alta disponibilidade com confiabilidade, produzindo em alta escala com a qualidade desejada, custos adequados, mantendo a continuidade operacional de toda a cadeia produtiva, satisfazendo o propósito da organização, buscando sempre o seu objetivo de atingir uma maturidade alta alcançando a EXCELÊNCIA OPERACIONAL.

5 - Fontes de Informações

- Manual Técnico de Rolamentos da NSK.
- Apresentação de lubrificação por Ciro Carvalho.
- Livro Manual Básico para Inspetor de Manutenção Industrial 1.
- Norma Técnica ABNT NB-86
- Norma Técnica ABNT NBR 6158.
- Tabela técnica de Tolerância e Ajustes.
- Norma Técnica DIN 7182.

6 – Sobre o Autor

Edson Gonçalves, 45 anos, nascido no dia 11/04/1974, na cidade de Coronel Fabriciano em Minas Gerais, filho de Otil Gonçalves Neto e Maria Vieira Gonçalves, é o quinto filho de uma família de7 irmãos, casado desde o ano 2000 com Neide Oliveira Gonçalves Guerra, pai de 2 filhas Sabrina e Emanuelle, esta sempre presente não abre mão do convívio familiar onde encontra tranqüilidade e equilíbrio para equalizar as pressões do trabalho e o aconchego da vida em família.

Filho de família de classe baixa, os pais sem formação escolar, estudou em escolas públicas, sempre obteve médias significativas, as quais o propiciou a nunca ter sido reprovado.

Teve sonhos de criança, começou pelo futebol, onde algumas tentativas de se profissionalizar no mundo mágico do esporte não foram muito bem-sucedidas com relação ao lado financeiro, porem educacional e culturalmente pôde ser orientado de forma correta, o que o manteve longe da bebida e das drogas ilícitas, praticas estas que é cultivada até os dias de hoje.

Teve uma infância feliz com muita agitação e liberdade para realizar todas as peripécias de uma criança em fase de crescimento.

Técnico em Mecânica, formado no ano de 1992 na Escola Técnica vale do Aço, iniciou por diversas vezes o curso superior sem muito sucesso devido à dedicação as funções do trabalho, com diversos cursos de aperfeiçoamento, inclusive no exterior, iniciou sua carreira profissional como estagiário de uma cimenteira na cidade de Santana do paraíso em Minas Gerais.

Após seu estagio foi mecânico de manutenção de algumas prestadoras de serviços (Ebec e Sankyu) nas dependências de uma usina siderúrgica na cidade de Ipatinga MG, onde foi efetivado como Inspetor de Manutenção pela USIMINAS (Usinas Siderúrgicas de Minas Gerais), trabalhou por alguns anos exercendo a função, até sua transferência para a concorrente CSN (Companhia Siderúrgica Nacional) na cidade de Araucária PR.

Cumpriu mais um ciclo durante alguns anos, também exercendo a função de supervisão de manutenção e inspeção, onde pode desenvolver diversas habilidades técnicas as quais lhe deu a condição de evoluir suas práticas e conhecimentos voltados para a inspeção de manutenção industrial.

Transferiu-se para uma empresa do ramo Petroquímico (Arauco do Brasil) onde trabalhou por mais 2 anos exercendo as funções de gestão de manutenção e aplicando seus conhecimentos para atingir os resultados esperados pela organização.

Formado atualmente em Mecânica, e nos dias de hoje continua exercendo as funções de como Gestor e Empresário, onde é um dos sócios da empresa de Consultoria, Ascessoria e execução de manutenção em geral em todos os segmentos industriais em prol do desenvolvimento de novas técnicas manutenção e de inspeção sensitiva, voltada para a evolução da manutenção industrial, procurando sempre cumprir suas metas e atender todas as espectativas das organizações as quais necessita de seus serviços.

Especializou-se em treinamentos técnicos, onde ministra vários treinamentos desde a prática de execução, até a gestão de liderança e comportamental para organizações que necessitam de reestruturar seu efetivo técnico. Tornou-se especialista em Gerenciamento de Manutenção Industrial e realiza consultorias e assessorias em diversas empresas dentro e fora do Brasil aplicando as técnicas de acordo com as normas vigentes e as melhores práticas mundiais.

Vida Profissional

Especialista em Manutenção Industrial, com diversos cursos de aperfeiçoamento, inclusive no exterior, com sólida atuação em empresas e indústrias de grande porte, desenvolvendo atividades na área da manutenção e produção.

Área de atuação: Técnica - Manutenção - Engenharia

Experiências Internacionais

- Japão.
- Estados Unidos.
- Alemanha.
- Holanda.
- Argentina.
- Chille.

Experiências Profissionais

Empresa	Cargo	Período
-Cimento Caue S.A	Técnico em Mecanica	1 ano
-Sankyu S.A	Mecânico Ajustador	1 ano
-Carvalho Mont. Ind.	Mecânico Ajustador	1 ano
-Usiminas – Usinas Sid. MG	Supervisor de Inspeção	6 anos
-CSN – Comp. Sid. Nacional	Supervisor de Manutenção	9 anos

-Arauco do Brasil	Supervisor de Manutenção	2 anos
-Optimus	Gestor	Atual.

Descrição das Principais Atividades Desempenhadas

- Participação nos projetos de implementação de novas unidades de produção.
- Gerenciamento das equipes de montagens, alinhamentos, ajustes, lubrificação e testes do start-up das linhas de produção de Laminação a Frio.
- Desenvolvimento e aplicação de novas sistemáticas de manutenção das unidades de produção, otimizando os recursos, minimizando as necessidades de intervenção e consequentemente reduzindo custos de mão de obra e materiais sobressalentes na proporção de 12% ao ano.
- Desenvolvimento e reformulação de todo sistema hidro-estático de lubrificação e refrigeração dos mancais e rolamentos dos cilindros de laminação, aumentando sua vida útil em aproximadamente 60%.
- Redimensionamento de componentes e equipamentos aumentando o volume de produção em 15%, garantindo sua disponibilidade e confiabilidade.
- Participação do grupo de voluntários, desenvolvendo dentro da empresa a cultura de segurança com o objetivo de atingir o índice zero de acidentes.
- Coordenar e supervisionar equipe de inspeção técnica para avaliação das condições de funcionamento dos equipamentos.
- Coordenar e supervisionar elaboração de programação das atividades para encaminhamento dos equipamentos para manutenções, preventivas, preditivas e corretivas.
- Desenvolvimento e implantação de condições de manutenabilidade dos equipamentos.
- Implantação do programa de vazamentos zero.
- Elaboração de treinamentos para os colaboradores recém-admitidos.
- Supervisionar e acompanhar as atividades de caldeiraria.
- Supervisionar e acompanhar as atividades de usinagem e retifica.
- Implementação do sistema de gerenciamento de manutenção.
- Elaboração de procedimentos de manutenção.
- Elaboração de sistemáticas de planos de manutenção, inspeção e lubrificação.

- Especificação técnica dos componentes e elementos de maquinas dos equipamentos.
- Implantação da sistemática TPM, RCM e MOC.
- Aplicação de Brainstorm e Bentchmarkim.
- Implantação e Aplicação dos métodos de avaliação e analises de falhas.
- Elaboração de orçamento anual.
- Implantação de gestão de manutenção à vista.
- Elaboração de visão, missão e objetivos da manutenção.
- Desenvolvimento de sistemática de manutenção em função de normas técnicas para equipamentos dedicados.
- Gerenciamento de contratos de terceiros.
- Desenvolvimento e avaliação de novos fornecedores e prestadores de serviços.
- Elaboração de indicadores da manutenção.
- Contatos com fornecedores para desenvolvimento de sobressalentes e ou readequação de equipamentos e componentes.
- Visitas técnicas a fornecedores e fabricantes para avaliação e inspeção dos equipamentos.
- Acompanhamento e supervisão das execuções das atividades programadas e emergenciais.
- Desenvolvimento de manuais descritivos técnicos para equalizar as informações junto aos fornecedores, analisando as normas cabíveis para cada aplicação.
- Prestação de serviços de consultoria e assessoria à manutenção, das organizações nacionais e internacionais.
- Palestrante de estratégias e ferramentas estratégias de manutenção.
- Instrutor de treinamentos técnicos e práticos referente aos elementos de máquinas e diretrizes de manutenção.

Habilidades Pessoais.

- Tranqüilidade, Curiosidade, Atenção.
- Facilidade de Relacionamento Interpessoal.
- Busca por aprendizado, Desenvolvimento e Resultados.
- Disciplina, Liderança Situacional.

Cursos de Aperfeiçoamentos

- Inspetor de Soldagem Nível 1, Inspetor de LP.
- Desenho Mecânico, Metrologia, Alinhamento de Maquinas, Maçarico de Corte.

- Hidráulica, Esquemas hidráulicos, Sistemas de Gerenciamento de Manutenção.
- Solda, Freios, Vedações, Filtros, Lubrificantes e Lubrificação Classe Mundial.
- Roscas, Cabos de Aço, Correias, Bombas, Correntes.
- Manutenção Preditiva, Controle de Custos, PCOM, Sistema de Gestão Ambiental.
- Especificações de Válvulas, Rolamentos, Mancais de Rolamentos.
- Controle de Vapor e Ar Comprimido, Pneumática, Redutoras.
- Inspetor de Equipamentos, RCM, MOC, Controle de Qualidade Total.
- Chefia e Liderança, Garantindo a Primeira Imprensão.
- Assertividade e Desinibição, A Arte de Falar em Publico.
- Liderança Ocupacional, Técnicas de Abordagem e linguagem corporal.
- NR 11, NR 13, NR 18, NR 33, Manutenção Classe Mundial, Ms Project

OBS: Condecorado pela USIMINAS como Operário Destaque de Qualidade em virtude do comprometimento, esforços e resultados obtidos em busca da qualidade total.

Condecorado pela ASSOCOAÇÂO BRASILEIRA DE LIDERANÇA - BRASLIDER com o Prêmio EXCELÊNCIA E QUALIDADE BRASILBRASIL, MELHORES DO ANO na categoria PROFISSIONAL DO ANO em Consultoria Técnica Mecânica em 2014, 2015, 2016, 2017 e 2019.

Reconhecido como Especialista em Rolamentos Pela NSK-Maior fabricante de Rolamentos Japonês.

Contatos:
edinhoguerra@bol.com.br
edson@optimuscsi.com.br
41-99667-6914

Realização

OPTIMUS

- **SISTEMÁTICAS**
- **UNIFICADAS**
- **MANUTENÇÕES**
- **INSPEÇÕES**
- **TREINAMENTOS**
- **PROCESSOS**
- **OTIMIZAÇÕES**

O que é a **OPTIMUS:**

Uma empresa voltada para Otimizações de Processos, Treinamentos,Inspeções e Manutenções Unificadas e Sistemáticas.

Nossa atualidade promove uma competitividade extrema, exigindo das Organizações um processo de melhoria contínua jamais visto, processo este que muitas vezes tem se tornado um ponto de interrogação em alguns estágios desta evolução sistemática da cadeia produtiva.

A complexidade desta sistemática se dá devido necessidade da organização detectar o ponto primordial a ser tratado em sua cadeia produtiva, pois este é o grande desafio encontrado. Tendo conhecimento desta grande necessidade a **OPTIMUS** decidiu disponibilizar o tempo e conhecimentos de seus profissionais, adquiridos ao longo de 20 anos de atuação em empresas multinacionais de grande porte, experiência esta nas áreas de otimização, processos, treinamentos, inspeções, manutenções, sistemática, produção, projetos, redução de custos, qualidade, segurança e meio ambiente, a fim de disponibilizar soluções industriais inteligentes aos seus clientes e parceiros.

Além de fornecer a solução para os problemas apresentados, a **OPTIMUS** promove também a execução de tais atividades e a capacitação dos profissionais envolvidos no desafio em questão.

A **OPTIMUS** oferece soluções inteligentes nas seguintes áreas:

Execução e/ou Orientação de Implantação de Sistemática de Gestão da Manutenção;

- Gestão do Negócio;
- Gestão de Projeto;
- Gestão de Habilidades Técnicas;
- Gestão de Planejamento;
- Gestão de Programação;
- Gestão de Execução;
- Gestão de Controle;
- Gestão de Análise de Falha;
- Gestão de Custos;
- Gestão de Ferramentas;
- Gestão de Materiais;
- Gestão de Contratos;
- Gestão de Conteúdo Técnico;
- Gestão de Desenvolvimento;
- Gestão de Integração;
- Gestão de Processo;
- Gestão de Confiabilidade;
- Gestão Financeira dos Ativos;
- Gestão de Excelência;

Consultoria em Manutenção e Cadeia Produtiva;

- Avaliação e adequação da sistemática de manutenção existente;
- Revitalização da estrutura (Homem/Hora) utilizada pela corporação;

- Otimização de processo, avaliando desde o planejamento de manutenção, processo logístico interno, PPCP, produção e interferências na qualidade final;
- Execução e orientação de Benchmark e Brainstorm;
- Aplicação da sistemática de modelos mentais para tomada de decisões;
- Orientação para desenvolvimento de sistemática de gerenciamento de sistemática para Manutenção/Produção;

Treinamentos;

- Liderança, promovendo uma visão sistêmica do setor e de toda organização;
- Inspeção sensitiva das maquinas e equipamentos;
- Metrologia aplicada;
- Elementos de máquinas;
- Ajustagem;
- Estratégias de Manutenção;
- Técnicas de abordagem comportamental;
- Orientação para ensaios não destrutivos;
- Análise de falha;
- Palestras para eventos de segurança, manutenção, produção, motivacionais e feiras;

Estudo e desenvolvimento de técnicas e métodos para otimizações dos processos e redução de custos;

- Realização de estudo de tempos e métodos;
- Avaliação e adequação do layout fabril;
- Estudo e definição de itens e equipamentos críticos;
- Estudo e adequação dos estoques de insumos e sobressalentes;
- Otimização do processo;
- Estudo e implementação de novas ferramentas e metodologias.

Auditorias orientativas e avaliativas na sistemática de manutenção e processo;
Execução de inspeção sensitiva e manutenção de máquinas e equipamentos industriais em geral.

Outros Projetos:

Livros Técnicos:
"Manual Básico para Inspetor de Manutenção Industrial". (publicado).
"Manutenção Industrial – Do Estratégico ao Operacional". (publicado).
"Manual Básico para Inspetor de Manutenção Industrial 2". (publicado).
"Manutenção Industrial Básica para Aprendizes Volume 1". (publicado).

Projeto Social:
JOVENS PROMISSORES: Curso profissionalizante para adolescentes abrigados pela Vara de Infância com parceira com a Segunda Vice Presidência da Vara de infância de Curitiba.
"A melhor ferramenta é a SOLUÇÃO.
A melhor solução é a EXPERIÊNCIA.
A melhor experiência é a EXECUÇÃO.
A melhor execução é a OPTIMUS"...

OPTIMUS Soluções Inteligentes
R. Alcebíades Plaisant nº 1085 sala 404 Água Verde – Curitiba – PR CEP- 80620-270
www.optimuscsi.com.br
edson@optimuscsi.com.br
41-3343-0029 / 41-99667-6914

Apoio

ROLSUL
Rolamentos e Suprimentos

DOCTOR LUB
Soluções em lubrificação

RPM SUL
Soluções em Manutenção Preditiva

"Uma coisa é você achar que está no caminho certo,
outra coisa é achar que o seu caminho é o único."

<u>Paulo Coelho</u>

Impressão e acabamento
Gráfica da Editora Ciência Moderna Ltda.
Tel: (21) 2201-6662